建筑与传统文化的回归

——人与自然共同构筑环境

焦毅强　焦　舰　著

中国建筑工业出版社

图书在版编目（CIP）数据

建筑与传统文化的回归——人与自然共同构筑环境 /
焦毅强，焦舰著. — 北京: 中国建筑工业出版社，2015.1
　ISBN 978-7-112-17649-6

　Ⅰ. ①建… Ⅱ. ①焦… ②焦… Ⅲ. ①建筑—文化研究—
中国 Ⅳ. ①TU-092

中国版本图书馆CIP数据核字(2015)第003074号

　　"天人同构"来自于中国传统文化的建造思想。本书是父女两代建筑师围绕"天人同构"这一思想，并结合自己多年的建筑研究和设计实践所作的思考和讨论。全书内容涉猎广泛，从城市到绿色建筑，从文化的溯源到具体建造活动的一砖一石的铺砌、从宗教、哲学到个人的感悟等。

　　书中插图均是作者的画作，是对"天人同构"思想的艺术性表达，它和文字内容融为一体。

　　本书可供广大建筑师、建筑院校师生、建筑文化艺术爱好者等学习参考。

责任编辑：吴宇江　张伯熙
责任设计：陈　旭
责任校对：李欣慰　刘梦然

建筑与传统文化的回归
——人与自然共同构筑环境

焦毅强　焦　舰　著

＊

中国建筑工业出版社出版、发行（北京西郊百万庄）
各地新华书店、建筑书店经销
北京圣彩虹制版印刷技术有限公司制版
北京圣彩虹制版印刷技术有限公司印刷

＊

开本：787×1092 毫米　1/12　印张：13⅔　字数：317 千字
2015 年 7 月第一版　2015 年 7 月第一次印刷
定价：**128.00** 元
ISBN 978-7-112- 17649-6
　　　（26863）

每个人的命运或许不尽相同，但我们都可以在自己的基点上活得更加精彩，这需要多种心的素质。有一种尤为重要，那就是坚持。

坚持，可以在不断地挑战自我中去探索生命的深度，也可以将原本美好却细碎的体验串联成恢弘的篇章，成为生命中最值得回味的主旋律。

焦毅强先生正是基于对中国传统文化与建筑坚持不懈的思考与探究，于是有了第三本著作《建筑与传统文化的回归——人与自然共同构筑环境》。这样的坚持，不仅令焦毅强先生对佛教的理解越来越深刻，同时也为读者提供了更多的资料和思考角度，去品味中国文化视角下的建筑、人与自然之间的和谐关系。

这本身也是佛教所说自利和利他的"不二"。我们致力于将东方传统文化复兴，却也不应将传统文化和西方文明形成二元对立。

西方文明的演变与形成，可以通过神文化和物文化的二元结构来解读。神文化是以基督教信仰为核心的超越性精神文化；物文化是以自由、平等、理性等思想为核心的世俗性物质文化。两者在历史上此消彼长，虽然物文化曾一度拥有压倒性的优势，甚至几乎切断了神文化与社会的重要关联，但神文化未曾真正消失，而是隐遁入社会潜意识之中。这说明，神文化和物文化不可能独立面对所有的社会问题，也不可能消灭或取代另一方的存在。

神物两元文化能否从共存走向共融，关键取决于能否处理好超越与世俗、精神与物质、利他与利己的关系和定位。但神文化与物文化之间有着不可调和的根本分歧，西方文明发展至今遭遇的现实困境，正是其根深蒂固的二元模式的必然结果。两者要想达到真正的共融，必须借助东方文明的重要因素才有可能实现，这个重要因素就是"心文化"。

"心文化"源于儒家、佛家和道家的基本精神，代表了东方文明的根本特征。"心文化"基于的是普遍的人性，因为无论来自什么样的文化背景，人的内心深处都是相通的。"心文化"认为心御万法，万法归心，正如憨山大师所说"若人若法，统属一心"。

"物"和"神"都不是人类自身命运的绝对主宰，只有"心"才能统御我们自身与万物。

"心文化"在超越层面上展现出普遍而深刻的智慧，在世俗层面上展现出慈悲而和合的博爱，故可以纠正神文化与物文化各自的偏失，并化解两者之间的严重对立。

针对神文化片面强调超越而忽略世俗，物文化片面强调世俗而忽略超越，"心文化"启示我们应该运用真俗不二的智慧，走向超越与世俗之间的中道；针对神文化片面强调精神而忽略物质，物文化片面强调物质而忽视精神，"心文化"启示我们应该运用身心不二的智慧，走向精神与物质之间的中道；针对神文化片面强调利他而忽略利己，物文化片面强调利己而忽略利他，"心文化"启示我们应该运用自他不二的智慧，走向利他与利己之间的中道。

建筑最终都是为人服务的，不同的是被服务人群的文化背景，导致了不同的审美标准和功能需求。也许，从这个角度，可以促进东西方建筑互相借鉴，和谐共融，不妨称之为"建筑心文化"。

王阳明说"人者，天地万物之心也。心者，天地万物之主也。心即天，言心则天地万物皆举之矣"。人天同构，也是这句话的另一种解读吧。

学　诚

（中国佛学院第一副院长）

2014 年秋于北京龙泉寺

绿色建筑是当前很时尚的一种建筑理念。绿色建筑的概念来自西方，一般人理解主要和技术相关。绿色建筑的概念之所以在西方先出现，是因为他们先将自然环境破坏了。破坏到一定程度，当他们感到要危及他们生存时，才想到要搞绿色建筑。

中国的现代化发展基本上是沿着西方的轨迹走的。到今天他们出现过的过度开发，危害自然的现象同样出现在了中国。中国今天也在提倡绿色建筑，对于绿色建筑的宣传做得很红火，办了很多学习班，补绿色建筑的课。我就曾参加过注册建筑师培训中关于绿色建筑的班。办班归办班，实际工程归实际工程，真正在工程中推行绿色建筑的人有多少呢？盲目的、过度的开发还在继续；自然环境受到的伤害并没有减少，城市依旧那么拥挤，小汽车一天天地增多。难道就不怕破坏了我们的生存环境么？就不怕危害到我们的生命么？怕归怕，这个"怕"是有办法解决的，那就是移民。在中国聚集财富，到外国去生活。在一些人的心中绿色不绿色的只是口号，因为绿色与他无关，聚集财富与他才真正有关。

这个时候，我们光讲绿色建筑不行了，得看一看中国传统中的"天人同构"。在中国古人的心中，人生存的环境是取自于宇宙的，生存环境的建造也应当是"天人同构"的。

人们在"天人同构"中得到"宇宙力"的护持。人们破坏了环境，危害了自然，那是一种下地狱的恶行。

建筑属于应用的学科，现在被归属于服务业，是为各种行业提供场地和居所的"服务业"，建筑学是对如何服好务进行研究的科学。建筑学是一个大众的科学，大家都可参与争论，都在使用建筑。建筑专业的刊物就像"电影杂志"，所有人都可以翻一翻、看一看，建筑专业没有丝毫的神秘。建筑学虽没有丝毫神秘，但设计出来的建筑可千变万化，却有了神秘性。大众看建筑和大家看电影一样可以看懂，但看建筑、电影可不是搞建筑、制作电影。看一看，和制作出来是大不相同的。

建筑属于应用的学科，服务的范围相当广泛，搞建筑的人必须对各门学科有详尽的了解，要一个门类一个门类的，对各门类应当有一一对应的研究才可以生成建筑科学。

谈起科学，近一个世纪我们是落后了。从建筑方面讲，我们学习外国人的，有些人看我们学外国人的还不如就由外国人直接做得了，所以现在很多建筑就交由外国人设计了。

可外国人的设计是建立在适合他们自己需要的基础上，并不一定适合我们。适合中国各门类科学需要的建筑科学还远没有形成，有相当多的事情要做。

一个民族总会有自己的习俗，有自己的文化，对建筑就自然会有人文的要求。中国自古以来对建筑就有很多精神上的要求，有很多习俗，对建筑的方方面面有很多说法。这些都不能用科学去论证，更不能用科学去反对。就像你不能证明你为什么姓你的姓一样，你不用去证明。虽然不用证明但这些人文传统你必须遵守、继承，否则就是不肖子孙了。

建筑是应用的学科，它后于其他学科，应用它们的研究成果，其他学科的成果很多在几十年后甚至更长一些时期才应用到建筑上。对于哲学上的一些成果在建筑上的应用更是这样，在建筑上的体现有时会在百年后甚至更远。谈论建筑不能只讲建筑，一定要先讲建筑所服务其他学科的科学及哲学，再讲建筑自己的东西。

"天人同构"这个词是古人的、人文的，在建筑中只是应用，"天人同构"这一观念古人建房一直在应用，近百年来我们有些忽视。当我们发现我们已经侵犯自然后，我们才认识到这个"天人同构"不但是中国古代人文的，也是当今环境科学的。现在搞建筑不能离开"天人同构"，搞建设必须要守住自己的本位，天、地不守住自己的本位就出现自然灾害，人类不守住自己的本位就毁灭了自然。天地人必须各守本位才能相安。人的生存空间必须是"天人同构"的。

熊十力先生曾讲：

吾与宇宙同一大生命，自家生命即是宇宙本体。因此，所谓"闢"即是生命，即是生灵，生化于思，能量无限，恒创恒新，自来自根。（郭齐勇：《熊十力"本体——宇宙论"诸范畴阐要》）

人的自然观是哲学的永恒主题之一。东西方哲学大师对此问题的理解有较大的差异。许多世纪以来，西方哲学大师一直以人为中心，把自然看成征服的对象，形成一种人类中心论。直到康德才意识到自然的神圣性。大自然不仅是科学知识的"对象"，而且是对我们人类展现的一个"奇迹"，20世纪初，地球，天空，被人类征服得变态、异化，千疮百孔。人类自然美化的家园被破坏。这时才看到人类应与大自然协同合一、共生、共荣。这个观点就是中国的素朴的自然观。张载把儒家的伦理观扩充到大自然，"民吾同胞，物吾与也"（张载《西铭》），把天地万物看成一个家庭。在中国人的观念里，天地、自然与人是合一的，是泛爱的。

泉声咽危石　水彩画　（焦毅强　绘）

当前，全人类一个共同的时尚就是"自然"：一方面人类更加重视赖以生存和发展的环境——自然界；另一方面人类从生活上、生理上趋向自然，返璞归真。

建筑设计的工作在现在这种状况下，如何自处与应对，要正本清源，多些疑问和探索，不急着下结论。本书的两位作者为父女，均为建筑师。父亲参与了北京龙泉寺的设计工作，女儿是绿色建筑的研究者，这些经历给予两位作者对于上述问题讨论的空间，本书即呈现他们互动的思考。

目 录

上 篇： 天人同构

焦毅强

山门开处见大海 水彩画 （焦毅强 绘）

一、天人同构

岁岁有花红　水彩画　（焦毅强　绘）

（一）人性的回归与传统文化的复生

　　人来自动物，本身具有动物性。人的动物性和人性（神性）是人类几千年文明和野蛮斗争的本质原因，社会的发展很大程度上是这两种力量交织的结果。宗教的神圣性让人坚持人性，免于动物性堕落。动物性常会让人"不以为耻，反以为荣"地挑起反叛的大旗，冲击传统道德。一旦冲破缺口，堕落之风就开始了。

　　人也是动物，只不过大脑发达而已。大脑发达的人具有了自我，不像动物完全是一种条件反射。人有了自我就可以塑造人格，产生出人性，而人性能够改善人的行为，这个不是动物性的条件反射，而是具有人性的生命力的强大表现。伦理道德就是自我对人格的塑造，也是自我的表现，是限制动物性的东西。人类在自我的发展中总会被动物性所迷惑。动物性的第一反应就是条件反射，条件反射总会先出现，人心需用具有人性的自我来控制住它，这就是人的良知和道德。良知和道德将这个世界向着和谐和包容的方向引导。

　　人们对精神的追求一般是经济发展之后的，先要吃饱才能讲精神的需求，这是常理。但对于宗教信仰则不同，很多人对宗教的需求是超乎一切的。在人类历史上产生宗教之后，对宗教有过不同的态度。科学和宗教是一种长期的对立和协调的关系，人类面对宗教可以认为有三个拐点。

　　第一个拐点，人类由野蛮进入宗教。

　　文化是人类创造的一种与自然相对的非自然体系，是人类超脱动物性的一切活动的"产品"。文化产品是人类心灵智慧之光的外在形式。人类脱离动物的野蛮状态，便萌生了自己的文化，这种文化的形成是以宗教信仰为核心和先导的，世界各地的考古发现都能证明这一点。文明进步的标尺是人类的理性思维，包括人类对自己宗教信仰的反思。人类对宗教的需求是人类对真、善、美的追求，是人类提升动物性和社会性的素质所必需的道德约束和生活规范。"宗教是人类文化的母体，是人类的终极关切，是超越人类理性的非理性体验，是人类心灵的完整状态。"（胡孚琛语）宗教差不多都是在同一个历史时期产生的。人类由原始进入宗教是人类文明发展的"第一

杨柳观音像　中国画　（焦毅强　临摹）

维摩诘居士　中国画　（焦毅强　临摹）

个拐点"。

第二个拐点，科学的发展让人类背离宗教。

人们习惯上将宗教、科学、哲学、文学艺术、社会伦理作为基本的文化要素，它们都是人类对真善美的追求。其中科学和哲学是人类对真理的追求，是人类理性思维的花朵。

科学与宗教之间的关系是一种不断调整变化的辩证关系。在不同的历史时期，宗教与科学之间的关系的表现是不同的，有时表现为冲突，有时表现为和平共处，有时又表现为互相促进。

人类进入宗教时期之后，宗教的认识方法发展到反经验、反理性的"信仰主义"（又称"僧侣主义"。一种贬低理性，宣扬盲目信从，以信仰代替知识或赋予信仰以一定意义的学说）。科学可以转化为生产力，而宗教逐渐开始妨碍生产力发展，到一定程度，宗教阻碍了社会的变革。科学的本质决定它必然要摆脱宗教的束缚。以哥白尼太阳中心说为开端的近代实验科学，是近代科学本质的真正体现，是近代科学与宗教世界观的第一次彻底决裂。人类不断发展，人类用科学的方法，对自然事物本质及其规律不断认识，不断将科学转化为生产力，创造社会财富。近代以来的三次工业革命都是自然科学新发现的产物，而宗教则起了阻碍作用。西方工业革命的发展使人们开始脱离宗教，科学家们要用数学和力学规律对整个自然界作统一的说明。伽利略、笛卡尔、牛顿等在各领域都取得了重大的成果，冲击了上帝对自然物的主宰作用。17～18世纪出现了遍及整个欧洲的自然无神论。人类开始背离宗教，人类发展进入了"第二个拐点"。

第三个拐点，控制过度发展使人类回归宗教。

在经济全球化迅猛发展，科技高度发达，人本主义空前显扬的当代世界中，市场经济全方位发展，带来追求利润、金钱制约一切的现象，这种现象激发了人的动物性，这种现象冲击人们的信仰和道路，破坏了人类的伦理，形成科学工具理性过度张扬、科学主义泛滥，加剧了生态危机和社会危机，人类又进入了一种新的野蛮时期。因此人们开始呼唤宗教信仰和道德良心的回归；呼唤宗教慈爱与人文理性的回归。使人文与科学、神道与人道互相制衡，使现代人类摆脱困境，实现祥和中的可持续发展,通过宗教的向善性转变人们的价值观和善恶观，

建立道德约束。宗教在人类社会的回归是人类社会的"第三个拐点"。

在中国"第一个拐点"和世界是同步的，孔子——公元前551～前479年，老子——公元前600～前500年，佛教——公元前6世纪，基督教——公元前1世纪，基本上在一个历史时期。

孔子、老子及传入中国即被中国化了的佛教，深刻地影响着每一个中国人的思想和行动模式，成为东方人品格和心理的理论基础，构成了中华民族的传统文化和基础。

中国的"第二个拐点"出现的比较晚，直到晚清的鸦片战争人们才认识到中国的宗教（儒、释、道）对社会发展的束缚，经过近百年的努力直到建立新中国才冲破了宗教的束缚。

中国的"第二个拐点"较晚出现有一个重要的因素。中国本土的传统文化在历史上已经出现过一个拐点，即对外来文化印度佛教的融合。在一定意义上说中国比西方多了一个拐点。西方虽有基督教和伊斯兰教，但它们过多的是战争，不像中国是融合。

先秦是中国哲学发展的高峰时代，始创了儒道两家文化，这两家都是心性之学。南北朝隋唐时又接受并且发展了从印度传入的佛教。南北朝整整数百年便是用于对佛教的接受和酝酿，至隋唐才达到最高峰。外来的佛教与中国本土的儒教和道教经过磨合，印度佛教的中国本土化出现禅宗，佛学发展至唐代的禅宗六祖，已经酝酿烂熟到无可再发展的阶段。儒教受佛教的影响，宋初有了理学（后人称之为新儒学）。理学大家如周敦颐、张载、程颢、朱熹、陆九渊、王阳明等都是第一流的哲学家。中国自魏晋至明末三教此起彼伏式的发展使两千年的文化生命绵延不断。清代三百年是中国民族最没出息的时代，民族的慧命窒息了，文化生命随之衰竭了。

中国的"第三个拐点"，中国当今高技术高速度的发展提起人们对金钱、物质的极大欲望，伦理道德已经丧失。社会公德、诚实守信出现危机，腐败严重。缺少人与人之间的基本的尊敬，缺少人与人之间的起码的信任，更缺少人与人之间最根本的平等相处的观念。人的动物性表现出来，需要用人性来束缚，用伦理道德除去动物性，这就是传统文化的回归，中国正面临着第三个拐点。

几回落叶又抽枝　水彩画　（焦毅强　绘）

中国的"第三个拐点"是在具有科学高速发展时期的传统道德的回归。这个回归是现代科学与中国传统的融合。这个融合就是生化。

生生不息、大化流行是中国文化的根本。老子讲："一生二，二生三，三生万物。"《史记·律书》说："数始于一，终于十，成于三。"老子讲："天地不自生，天长地久。"这里的一是宇宙，二是两极，是天地。天地不自生，天地不生天地，二不生二，生的是三，这里的生三就是生化。太极图画的是生化。天行健，明宇宙大生命，常创新而无穷也，新新而不竭也，讲的是生化。熊十力先生提到："生化不息，能量无限，恒创恒新，自本自根。"（郭齐勇：《熊十力"本体——宇宙论"诸范畴阐要》）

建筑设计行业虽是一个技巧行业、服务行业，也应有"生化"存在。在建筑设计进入五花八门的发展时期，在形象大爆发时期，我们应当看看中国文化的根本，对于建筑设计来讲也应有两极，一个是科学，一个是传统，这个可能没有争议。但这两极要生化出"三"来，有些人可能就没注意到，这就是说父母要生个孩子，而不是生父母自己。中国建筑的发展不能将科学和传统割裂开来，而是要它们生出"三"来，这就是生化。

（二）"天人同构"在龙泉寺

龙泉寺工程部的负责和尚贤立法师曾言道：

"佛法讲缘起法，建筑亦复如是。建筑所产生的功用和对人产生的感觉，有很多因素。建筑师是一个因素，参与的甲方和建筑的功能需求都是相关因素。龙泉寺在建寺过程中，与世间的许多建筑不同之处在于，自己管理质量，就像自己家盖房子一样，这样的过程是彼此和合，最后产生的效果就不一样。不同的建筑常带给人的感受会不一样。为什么感受不一样？因为气场不同，缘起不同。施工人的责任心，心力的投入，最后产生的结果，就有一种气场，就会产生力量，使人的感受就不一样。还有一点，由于有出家人在这里修行，因此建筑过程中所凝聚的气场和心业力，以及后期使用人的心业力，都会造成

建筑物对人的心理感受，这是最关键的一点，也是许多人所忽视的。有些建筑建得很好，但人待在里面不舒服，人心躁动。修行人带给人的就是祥和、宁静、美好，这对宗教建筑带给人的心理感受有直接影响。"

龙泉寺的气场很大，这个气场是学诚大和尚带领僧人、居士共建的气场。僧人、居士流汗，甚至流血，共同施工兴建了龙泉寺。龙泉寺就存在了参与人的"场"。有这个"场"和没有这个"场"大不相同，像一般交由施工单位建的房子，它是一个商业行为，就没有这个"场"。学诚大和尚带领僧众兴建龙泉寺，扬善于天下，与凤凰岭合为一体。这个建寺的过程就是天人同构的过程。龙泉寺是按佛陀的精神，由自然和僧众共同建构的，这个共同建构，将大自然的气场与流汗、流血的僧众的气场构建为一体，这就是天人一体，即天与人完全地融在一起了。

贤立法师还讲过：

"施工过程可遭罪了。龙泉寺全是僧人，义工自己没白天、没晚上干的。"

的确在龙泉寺的施工中有很多感人的事情。龙泉寺的施工全部是义工，他们费那么大的劲，完全是一种奉献，是修行善行，龙泉寺施工的事为什么要写呢？因为要将这个善传递出去。中国传统的建房方式本来就是亲友邻里互建，龙泉寺的建设过程只不过延续了这个传统的方式。亲友邻里之间互建加深了之间的情感，增强了友谊，并形成了一个亲缘集体的合力。他们用这个合力与天地相融，合为一体，这就是一个"天人同构"的过程。这种方式现在在广大的农村还有存在。在建设过程中挖槽、上梁……直到建成，处处充满了天地沟通的礼仪。

中国传统建筑所以能够有广大民众自我参与建设，主要因为它具备两个因素：

（1）"天人同构"的精神需求，亲朋共同参与会形成一个强势的"人"的气场，参与的人越多，这个气场越大，和天地沟通后形成的家庭小宇宙空间越安全，越有福报。

（2）中国传统建筑的基本形式早就定型，已经格式化了。同一地区、同一类型的建筑大致相同。同时建筑又多为一二层。建设过程人们都很熟悉。大家的建筑基本相同，实践的经验已经确保了建筑的安全。

枯木倚秋林 水彩画 （焦毅强 绘）

龙泉寺的建设以原有古建卷棚形式为"基本音符"进行排列，其建筑也就较为简单了，建了一组后大家对建筑方式就很熟悉了。龙泉寺建筑是"基本音符"的排列，所以它提供了僧团大众参与共建的可能。

龙泉寺的僧众建庙的目的是求一安身立命的场所，一个与天地沟通了的场所是大家都要参与的。中国人认为每个人本身都具有一个能与天地沟通的小气场，你参与了你的小气场就与这个共建后的大气场沟通了。你就可以在这个大气场中安身立命。

人生世上，究竟追求什么？人生是有限的，一个有限的生命，要面对无限时空、无限知识、无限意义和无限价值层级的升进，这些无限令人不安，以至于他不知自己身在何处？人要为自己定位，但又觉得不可能，人生的其他要求变得缺少了意义，物质、名誉、权力、地位……都可以放下。佛教讲"了生死"，就是将生死能"了"，将有限的生命进入无限，不安即可解消。

来源于欲望，人常生活在痛苦之中，人生的束缚来源于"无明"，佛教追求解脱，要离苦。然而，人在"无明"束缚中如何能得到解脱？这就需要通过正常的行为和禅修的锻炼来"转"出智慧，将"苦"熄灭，因此又称为"清凉"，以得解脱。寺庙的气场需要建设的就是一个清凉界，提供禅定的"环境场"。

一个道场就像一座灯塔，是弘扬佛法的基地。建好道场，功在当代，利在千秋。"以事业凝聚共业，靠共业推动事业"是学诚大和尚的做事原则。在大和尚的悲心愿力推动下，通过僧俗二众的共同努力，龙泉寺道场建设不断取得新的成果。

学诚大和尚指出龙泉寺的发展方向和思路：法会由结缘转向"以教育为中心"并采用现代的一些方式。龙泉寺进行的是佛法的教育、心灵的教育、人们到龙泉寺里接受系统化的教育。贤立法师曾讲佛法教育先知"善恶"、"因果"，这个教育就是一个"善"的教育。

龙泉寺需要建成一个宣扬佛法的现代空间，僧众在这个空间中得到提升，龙泉寺的这个空间即是"天人同构"的。

龙泉寺兴建中有很多应当写的事情。下面选《学诚博客》中的一段：

石头的生命故事

柔和的阳光穿透新鲜的空气，洒在下寺路边的树林中。如羽如棉的白云随意散在湛蓝的空中。机动组的义工们正跟随贤甲法师忙碌着。

法师带着林仕祺等搬石头。这段时间用的石头需要有一个面是平的，用来砌东配楼外墙。石头放在这里有一段时间了，很多大石头已经压到地里，搬的时候要用撬杠撬出来。撬石头讲技巧，手臂和腿要协调用力，义工干起来便不如贤甲法师。铲车在旁边，小石头直接扔到车斗里，特别大的就要两个人抬上去，配合要默契还要会用力。如果有一个人抬不动了，那样就很危险。法师提醒义工："深呼吸！腰用劲！南无观世音菩萨！"一车斗装满，车开走后，法师和义工也不休息，又过去帮吴居士他们拾柴，还给居士们随机开示。路边的石头装得差不多了，就去运消防队后面的石头。义工们挑拣着石头往车上装，法师装得要比义工快，仿佛这些石头是他亲手放在那儿的，哪块石头什么样，有没有用，都胸有成竹。大大小小的石头装到车里，已经满了。义工和法师还拿了几块石头插到缝隙里。铲车举着装满石头的大铲子，倒退着开了回去。林仕祺等几位义工累了，就地蹲下来休息。贤甲法师从石头堆里走出来，那条腿不知道是因为刚才装石头太用力，还是因为一直不舒服，抬起来的动作有些僵硬。法师每天为这条伤腿忍受多少痛苦，只有法师自己知道。有义工问法师："这些石头是从哪儿来的？"法师说："猜猜。"义工答："肯定是盖楼的时候，从地下挖出来放在这儿的。"法师笑了，说："真聪明。"

当初盖楼挖地基时，从地下挖出的花岗石找地方放起来，现在楼建好了，砌外墙要用石头，又把这些花岗石凿成可用的形状，运回去。法师说："寺里的现状就是没有地方，这些石头堆在这里占了消防支队的一条路。"稍稍喘口气，法师又把沟边的一块石头翻了个个儿，问石匠："这块石头从中间打开，可以有个平面吧？"然后又跟刚从保安组调过来的黄居士说："把那块石头打碎吧。"黄居士拿了大锤一锤下去，石头就裂为两块儿。法师指着碎裂的石头说："这块石头外边已经风化，你们看这些部分已经变为土了，里面还是石头。沧海变桑田就是这么变的，这块石头已经经历了千百万年了。"细看还真是，这块石头外边已经是土黄色，虽然还凝结在一起，但已是一粒粒沙土，里面还是光亮的石质。黄居士问法师："这些石头都是怎么形成的？"法师说："火山岩浆喷发形成的，是地壳里的物质。以前不了解，后来听搞地质的人讲，观察后发现确实是这样。世界的形成很微妙，都是人心的一种显现。科技越到高端越发现，一切都是内心的外现。不过科技是一个推断，它要通过证明，而佛法是结论。释迦牟尼以无上智慧，照见了这个世界形成的真相。"航天研究出身的法师，从科技的角度理解佛法比一般人要深入许多。

法师又让义工看另一块青蓝色的石头。这块石头虽然和刚才那一块是一个家族，但无数的岁月过去后，这两块同一家族的石头却呈现出完全不同的生命状态：一块依旧泛着亮亮的光，坚硬无比；一块已经灰黄，将要化为尘沙。轮回里，随处都有无常，这些一起装石头的人会不会一起成佛呢？

黄居士扶着大铁锤听得入神。法师笑笑，指指他脚边一块外表青黑的石头，说："砸吧，没问题，那上面的水线很明显。"没看到什么水线，可是黄居士一锤落下，那块看起来坚硬顽固的石头应声碎裂，法师欢喜地说："不错，这块石头材质很好。"

工程部的法师与寺里其他的法师不同。其他法师，包括沙弥、净人，走路时都摄六根，目视前方七步远，而工程部的法师们则是一边走，一边到处看。特别是贤甲法师走路时，眼睛巡视地面：哪有石头？哪块石头能用？

谁说石头不会说话呢！这些石头在沉寂了无数岁月后，被这样一位出家法师重新焕发生机，参与到弘法利生的事业中，器世间与情世间是交织在一起的，不然，就不会有"生公说法，顽石点头"了。

东晋时，道生和尚主张"一阐提皆得成佛"，无人赞同，皆认为他违背了佛经原旨，邪说惑众，将其逐出僧团。道生和尚黯然离开，来到苏州虎丘山，对石宣讲《大般涅槃经》。当讲解到"一阐提"的经句时，言"一阐提也有佛性"，并问石头："如我所说，契合佛心吗？"一块块石头竟然点头。

这些砌入见行堂、东配楼的一块块石头，在经历时间的熏习后，或许也会有机会成为某位法师的听法众，并印证心要吧。

贤甲法师对整个工程像对石头那样熟悉，发愿承担寺里

的建设后，就全身心地投入去做。2008年北京奥运会期间，法师作为佛教界的志愿者，跟随寺里的几位法师一起去开会。回来后，同去的法师说，贤甲法师站在大厅里拉都拉不走，非要研究人家的灯是怎么装的，楼梯是怎么设计的。盖楼时，为了盖出来的楼错落有致、协调美观，法师从各个角度去想象楼建好后的比例。工程组的义工苏居士说："这栋楼哪里有几根钢管，哪里有个插线盒，法师都一清二楚。"

《选自和尚·博客》2009.12

（三）"天人感应"观

"天人同构"思想的根源很大部分来源于"天人感应"的观念，可以划分为几个阶段来认识它。

殷周时期的天神崇拜，每事必卜，周人或卜，或筮，用以作为人神的交通的方式。

1. 春秋战国时期

人们从生产和生活的实践中建立了自然界与人，即天人之间的联系。《山海经》就记载着大量的自然知识。有地理知识，包括山、海的位置，河流的走向，不同地域的种族、人情、物产等；动植物知识，记载了动植物的特征，以及它们与其他事物关系，包括和人体的关系，后来发展为医药学；还有气候人事的关系，比如什么动物出现会出现干旱、战争、混乱等。将对外观察与思维联系在一起，将与自然的巧合当成了内在的必然联系，形成天人之间的关系。《夏小正》保存着物候知识的最早记载，基本上是面向全民的历法或农节，根据时令安排生产和生活。那时自然界和人保持着朴素的关系。

2. 秦汉时期

这个时期天命鬼神观念虽然在学者中破产了，但依然保留在政治实践中。

《十二世纪》是专为天子安排的实施统治的月程表，实行"法天文治"，体现"人道本于天道的观念"。在对自然的敬畏中含有对鬼神的崇拜。

秦汉统一以后，天命鬼神完全统治了社会。用《十二世纪》

几度逢春不变心 水彩画 （焦毅强 绘）

花是去年红　水彩画　（焦毅强　绘）

终日凝然万虑忘　水彩画　（焦毅强　绘）

岁寒然後知松柏之後凋也

毅强

夜静水寒鱼不食　水彩画　（焦毅强　绘）

　建筑与传统文化的回归——人与自然共同构筑环境

口腹贪饕岂有穷　水彩画　（焦毅强　绘）

和《夏小正》作对比，说明由原来朴素的自然认识转向了神学。《夏小正》讲了天象、气候、物候以后，只是讲人应该怎么做，如：

正月……农率均田……采茶

四月……取茶……执陟攻驹

七月……灌茶

但《十二纪》在讲了人应该做什么以后，还讲了不应该做什么，如：

"孟春之月……是月也，不可以称兵……兵戎不起，不可以从我始。无变天之道，无绝地之理，无乱人之纪。"（《孟春纪》）

因为"称兵必有天殃"（《孟春纪》）。

并且指出了不遵守时令的严重后果：

"孟春行夏令，则风雨不时，草木早槁，国乃有恐。行秋令，则民大疫，疾风暴雨数至，黎莠蓬蒿并兴。行冬令，则水潦为败，霜雪大挚，首种不入。"（《孟春纪》）

古人将气象物候看成为天道，人的行为会得到天的反映。

汉朝初年，陆贾说：

"恶政生于恶气，恶气生于灾异。蝮虫之类，随气而生。虹口之属，因政而见。治道失于下，则天人度于上。恶政流于民，则虫灾生于地。"（《新语·明诫》）

贾谊是汉初最有影响的唯物主义思想家，但他思想中存在着有神论。《淮南子》提供了新的同类相感的材料，得出"天之与人，有以相通"的结论。

"崔巢知风之所风，赖穴知水之高下。晖目知晏，阴谐知雨。"（《淮南子·谬称训》）

"故天之且风，草木未动而鸟已翔矣；其且雨也，阴曀未集而鱼已噞矣。以阴阳之气相动也。"（《泰族训》）

人与物有相应的关系：

"志田行歌而动申喜，精之至也。瓠巴鼓瑟而淫鱼出听。伯牙鼓琴，驷马仰秣。介子歌龙蚊而文君垂泣。故玉在山而草木润，渊生殊而岸不枯。"（《说山训》）

天人有相应的关系：

"高宗谅阁，三年不言……一言声然，大动天下……故圣人怀天下，声然能动化天下者也。故精诚感于内，形气动于

天……逆天暴物，则明薄蚀，五星失行，四时干乖，尽冥宵光，山崩川涸，冬雷夏霜。"（《泰族训》）

由此作出了结论：

"天之与人，有以相通也。故园危亡而天文变，世惑乱而虹见，精祲有以相荡也。"（《泰族训》）

董仲舒也谈同类相动，如鼓宫宫应，鼓商商应，牛鸣牛应，马鸣马应，认为这是声正则应，气通则会。

"美事召美类，恶事召恶类。"（《春秋繁露·同类相助》）

"天地三阴气起，而人之阴气应之而起"，反过来，"人之阴气起，而天之阴气亦宜应之而起"（《春秋繁露·同类相助》），这样就建立了人和人的紧张关系。

"明于此者，欲至雨则动阴以起阴，欲止雨则动阳以起阳。"（《春秋繁露·同类相助》）

《吕氏春秋》讲"天人感应"，认为人和天是一类：

"人与天地也同。"（《情欲》）

"天地万物，一人之身也，此之谓焖。"（《有始》）

至汉代，人副天数的议论多起来。例如《淮南子》认为：

"头之圆也象天，足之方也象地。天有四时，五行，九解，三百六十日，人亦有四支，五脏，九窍，三百六十节。天有风雨寒暑，人亦有趣与喜怒。"（《精神训》）。

这里的"天数"，实际上就是天体运行，气候变化的规则，把人体的结构和用数量关系描述的自然现象说成一类。

董仲舒发展了这种比附：

"天地之符，阴阳之副，常设于身，身犹天也、数与之相尽。故命与之相连也。天以终岁之数成人之身，故小节三百六十六，副日数也。大节十二分，副月数也。内在五脏，副五行数也，外有四肢，副四时数也。乍视乍暝，副昼夜也。乍刚乍柔，副冬夏也。乍哀乍乐，副阴阳也。心有计虑，副度数也，行有伦理，副天地也。"（《春秋繁露·人副天数》）

董仲舒提出了如何副天的理论：

"于其可数也，副数；不可数者，副类。"（《春秋繁露·人副天数》）

并认为：

"以此言之，道宜以类相应也，犹其形以数相中也。"（《春秋繁露·人副天数》）

浦东货港　水彩画　（焦毅强　绘）

人无处不副天，那么天人自然成了一类：

"天亦有喜怒之气，哀乐之心，与人相副。以类合之，天人一也。"（《春秋繁露·阴阳义》）

天人既然同类，当然可以互相感应。

人道本于天道。研究天道，是为了安排人事。思想基础是法天之治。

现在人们已不再相信中国古代的"天人感应"观。科学发展到了今天，人类破坏自然，侵犯了天，自然开始给予人报应。现在出现了一种科学层面的"天人感应"。现在"天人感应"是人类对环境破坏后，大自然给人类的报应。比如，网络上类似的消息比比皆是：

"世界卫生组织下属国际癌症研究机构 2013 年 9 月 17 日发布报告，首次指认大气污染"对人类致癌"，并视其为普遍和主要的环境致癌物。在人口密集且工业化发展迅速的经济体，人们面临的大气污染威胁，显著加大。暴露于户外空气污染重会致肺癌，而且患膀胱癌的风险会相应增加，大气污染被列为第一类致癌物，与烟草、紫外线和石棉等致癌物处于同一等级。全球 2010 年因肺癌死亡的患者中，22.3 万人因大气污染患癌。世界卫生组织正审议该机构对遏制大气污染提出的建议，人们可以通过不驾驶大排量汽车（为改善环境）作出贡献，但这更需要国家和国际机构推行更广泛政策。"（《手机报·新闻晚报》，2013.10.21）

"上万个工地同时开工，每平方公里投资近亿元；改变城市面貌的同时，满目'水泥森林'"。（《手机报·新闻晚报》，2013.10.21）

"东北三省笼罩在浓浓的雾霾中，最严重地区能见度不足十米。交通受阻，高速封闭，机场停飞，学校停课……严重妨碍人们的正常工作生活。"（《手机报·新闻早晚报》，2014.05.23）

"天人感应"思想，有人认为它是一种人为的神学观念，是完全假造的谎言，也有人相信它。现在看来有一点应当是肯定的，那就是这种思想有利于对自然的保护。这种思想是一种对天敬畏的思想，对自然敬畏的思想。

中国的"天人同构"中遵循着一种数，这种数即天数。

数，本来是用于运算，在中国则指向了人文。数的运算带有必然性。天地人都有一种必然性，这种必然性就是数。万物是天地所生，万物的本性也是数，是一种必然。《吕氏春秋·贵当》中说：

"性者万物之本也，不可长，不可短，因其固然而然之，此天地之数也。"

《老子》第 5 章："多言数穷"，数表示了一种必然的规律。由于天文学的进步，历法运算预示着天体运行的规律行和必然性。天象的规律是由数决定的，数在这里被称为天数，天数被人们认为是决定一切之数。

《荀子·王制》提到：

"两贵之不能相事，两贱之不能相使，是天数也。"

《吕氏春秋·应同篇》道：

"祸福之所自来，应人以为命，安知其所。"

认为解决不了的问题，就是不能解决的问题。数被用于了占卜。到了汉代，数字神秘主义几乎笼罩了社会各个领域。根据易数推算的结果就是绝对真理。如果不合天象，那肯定是天象本身出了问题。而天象的问题又是因为人的行为不端，君王的行为脱了轨。

在传统建筑的空间组合中到处充满了数。建筑"空体"中的数体现着天的精神。建筑实体围绕建筑"空体"按一种数字和数字的秩序进行排列。这个数即是天数，这种排列体现了天与建筑的同一关系，即同一种构成模式。

在"天人同构"的环境中重要的是规范人的行为。

中国古人顺天行事。《国语·越语》记范蠡论天道，说："天道皇皇，明以为常"，皇皇的意思，即是昭然明朗，真实可靠。范蠡认为，人的处事早宴无失，必须天道。

《孟子·高娄（上）》中，孟子说："诚者，天之道。"

《左传·昭公二十六年》中，晏婴说"天道不谄。""天道不谄"，就是天道不惛，不可怀疑。

《说文》中说："诚，信也"，"信，诚也"。

古人认为天道是不必怀疑的。它寒后必暑，盈后必缺，范蠡说："日困而还，月盈而匡"（《国语·越语》），天是可信的，诚者天道。

船坞 水彩画 （焦毅强 绘）

荀子也讲诚，认为人应该诚，君子之必须致诚，乃是因为天道至诚，《荀子·不苟》中说：

"君子养心莫善于诚，至诚则无它事矣。

变化待兴，谓之天德。天不言而人推高焉，地不言而人推厚焉，四时不言而百姓期焉；夫此有常，以至其诚者也。

天地为大矣，不诚则不能化万物。

圣人为知矣，不成则不能化万物。"

万物的生长，自然界的运动是有规律的，它们信实可靠。《中庸》也讲：

"诚者天之道。

故至诚无息。不息则久，久则微，微则悠远，悠远则博厚，博厚则高明……博厚配地，高明配天……天地之道，可一言而尽也：其为物不二，则其生物不测。

今夫天，其升昭昭多，及其无穷也，明星辰焉，万物覆焉。今夫地，一撮土之多，及其广厚，载华岳而不重，振江海而不洩，万物载焉。今夫山，一卷石之多，及其广大，草木生之，禽兽居之，宝藏兴焉。今夫水，一勺之多，及其不测，鼋鼍、蛟龙、龟鳖生焉，货财殖焉。"

"生物不测"是单一中的复杂，相同中的相异，总体中的个体。不管是"为物不二"，还是"生物不测"，都是天道至诚。所以《中庸》说："诚者物之终始，不诚天物。"

天道不同于人道。在天者都是道，没有非道，但人道中却有非道、天道。天道至诚不会有欺骗。但人道却有虚伪，有欺诈。人道本于天道。人的修养，应以诚为原则。《中庸》说："诚之者人之道。"

（四）中国建筑的景愈藏则境愈深

中国哲学的一贯精神在于"把宇宙与人生打成一气来看"（方东美语）。大人或圣人的人格，则是"与天地合德，与大道周行，与兼爱同施的理想人格。（方东美语）""与天地合德，与大道周行"，首先要仰仗自然的力量。对于人来讲，首先是要依靠自然，靠自然的神力来保护自己，提升自己。李白有句诗："揽彼造化力，持为我神通"，就是要吸取宇宙生生不已的造化力量。在自然面前对于人来讲首先是融在其中，中国人追求的是隐于自然，止于自然。中国的传统建筑追求的是隐和藏，中国建筑的景愈藏，则境愈深。有很多唐诗描绘了这一点：

"北山白云里，隐者自怡悦。相望始登高，心随雁飞天。"（孟浩然）

"绝顶一茅茨，直上三十里。扣关无僮仆，窥室唯案几。"（丘为）

"清溪深不测，隐处唯孤云。松际露微月，清光犹为君。茅亭宿花影，落院滋苔纹。余亦谢时去，西山鸾鹤群。"（常建）

"空山新雨后，天气晚来秋。明月松间照，清泉石上流。竹喧归浣女，莲动下渔舟。随意春芳歇，王孙自可留。"（王维）

"不知香积寺，数里入云峰。古木无人径，深山何处钟。泉声咽危石，日色冷清松。薄暮空潭曲，安详制毒龙。"（王维）

"中岁颇好道，晚家南山陲，兴来每独往，胜事空自知。行到水尽处，坐看云起时。偶然值林叟，谈笑无还期。"（王维）

中国古代的绘画也追求这种景愈藏则境愈深的艺术效果。常将景物遮挡一部分，将建筑在自然中稍露头角。画家将这种手法归结为一个"藏"字。如为了表现"深山藏古寺"的意趣，只画寺庙的幡杆而不画寺庙。郭熙《山水训》中提到：

"山欲高，尽出之则不高，云烟锁其腰则高矣，水欲远，尽出之则不远，掩映断其流则远矣。"

中国绘画常将万物都交织在一起，形成一种游离、扩散、弥漫的流动形态，是表现了宇宙中的气场，体现了广阔无垠的景象，将人导入一种"大象无形"的境界。

对龙泉寺的建筑，学诚大和尚要求的也是"藏"。学诚大和尚多次对我讲寺庙建筑有一个重要的是"安全"。这个"安全"是个特指，是指出家人在寺庙中虽远离了闹市，但更要阻断外界对寺庙的干扰，保证寺庙为清凉界的安全。为了寺庙修行环境的安全，龙泉寺处于一种层层院院相环全隐藏的空间组织下，将外界干扰一层层地阻断。学诚大和尚为保证常住更好的修行制定了很多规矩，隔断和外界的一切联系。一个人在喧嚣的闹市，和在一座千年古刹中，呈现出来的生活状态不同，

这样一个阳光明媚的日子，可以去打球、游泳、健身、品尝美食、聚会，或者干脆就待在家里放松、看电视、睡觉，为什么要坐那么远的车，远离闹市来到龙泉寺？因为有一个信仰：相信有一个圆满伟大的佛陀存在；相信这位2500多年前的觉者，愿意帮助我们把人生变得圆满；相信寺院晨钟暮鼓的修行生活，能够解决我们的问题，圆满人生，永远脱离痛苦，得到快乐。

龙泉寺的设计主要是在设计"空体"，即围合的院落，院子围合了，僧众就在这个"空体"中隐藏了。层层的院落即是层层的隐藏，藏了又藏，确保僧众的修行不受干扰。寺庙建筑与世间建筑的最大区别即是神秘，而建筑的藏就是神秘。中国建筑处处表现的是"隐"，是"藏"，常将建筑隐藏于自然之中。

（五）舍形体而穷妙用

"中国建筑存在实体与空体，其中重要的是空体"，这是我在《建筑与传统文化的回眸与反思》一书中提出的看法，这个看法源于中国人对宇宙的认知。中国人对宇宙的认知以"心的体用"为主脑。重现"虚"而不重视"实"。建筑的"空体"只是这个认知在建筑上的体现。

下面引用方东美先生在《生生之德》中的论述：

"中国人之宇宙究具如何性相耶？此种问题，极难回答。间尝思之，西洋人与中国人虽同冒人名，而其所以为人之道则至不同。处于今而言上古，位于东而观西方，觉希腊人与欧洲人，其国族纵极差别，其地域纵极歧分，其品质纵极歧异，然其所以为人之义法则一，曰科学之理趣是也。希腊人与欧洲人之类型也。吾人苟就其科学理论以剖析其宇宙观念，虽不中不远矣。反观中国，虽曰居同国、族同系、书同文，然其所以为人者，则甚多方。中国人之类型，要而言之，可得三种：道家其一也，儒家其二也，杂家其三也。此三者生活之理想，均非遵循于科学之一途，执科学之理趣，以衡中国人，其真实价值，终无由得见也。吾人对影自鉴，自觉其懿德，不寄于科学理趣，而寓诸艺术意境。中国人之宇宙观念盖胎息于宇宙之妙语而略露其

泛堤晚景图　中国画　（焦毅强　临摹）

朕兆者也。庄子曰：'圣人者原于天地之美而达万物之理。'可谓笃论矣。

希腊人与欧洲人据科学之理趣，以思量宇宙，故其宇宙之构造，常呈形体着明之理路，或定律严肃之系统。中国人播艺术之神思以经纶宇宙，故其宇宙之景象顿芳菲蓊勃之意境。质言之，希腊人之宇宙，一有限之体质而兼无穷之宇宙，一无穷之体统也；中国人之宇宙，一有限之体质而兼无穷之'势用'也。体质寓于形迹，体统寄于玄象，势用融于神思。科学立论，造端乎形迹，归依乎玄象，希腊人与欧洲人之窥探宇宙，盖准形迹以求其玄象者也，前者创始而后者圆成之，固犹属于相似之理境。艺术造诣，践迹乎形象，贯通乎神功，中国人之观察宇宙，盖材官万物，以穷其妙用也。准此以言，希腊人与近代西洋人之宇宙，科学之理境也；中国人之宇宙，艺术之意境也。科学理趣之完成，不必违碍艺术之意境，艺术意趣之具足，亦不必损削科学之理境，特各民族心性殊异，故视科学与艺术有畸重畸轻之别耳。中外宇宙观之不同，此其大较，至其价值如何论定，则见仁见智，存乎其人可也。

吾前云：中国人之类型有三，道家、儒家与杂家是也。（道、儒、杂三家云者，非承班孟坚之故说，彼所谓儒与道有流为杂家者，彼所谓名与法有应列入道与儒家者，刘知几曰：'班氏作志，牴牾者多。'此其一例也。）三者之中，道与儒气象瑰伟，俱为中国人中之龙，至于杂家，则风度乔泄，卑之无甚高致也。道儒两家，妙能参透万象而得其势用，杂家转觉拘泥形迹，滞而不化者也。夫惟如是，故道儒两家之宇宙观，多系于艺术表情之神思；杂家之宇宙观，乃囿于阴阳五行之粗迹。前者本形上之天道与天理以状宇宙之神彩，后者执形下之气器以求宇宙之形体。中国思想系统中如有科学，其理境乃若独为杂家所专有，然举以与儒道两宗之睿智大慧相较，殊觉浅近庸俗，已非第一义矣。

中国人之物质、空间、时间诸观念，貌似具体而实玄虚，故其发而为用也，遣有尽而趣于无穷。老子玄览万象，损其体，致其虚，而物无遁形。经不云乎？'道之为物，惟恍惟惚，惚兮恍兮，其中有象，恍兮惚兮，其中有物，窈兮冥兮，其中有精。'执大象以言万物之精，故能识其玄同、穷其奥妙，而无所遗焉。姚惜抱曰：'圣人遁万物之母，故不因故迹而常有焉，

日生不穷，心达乎万物之极迹而观其徼焉。'（《老子章义》）夫觇象不滞于迹而神会其妙，观物不违其性而心通其徼，可谓参悟空虚、冥同大道，'游于物之所不得遁而皆存'矣。

儒家贞观万物，原亦设卦陈爻以应天地山泽雷雨风水火之形、日月四时之态。（《易·说卦传》第七、第八、第十一章更推广卦象，以括具体指物类，颇不应理，疑是汉人妄增者）考其要旨，仅在立象以尽意，援爻以通情，玩占以观变。《系辞传》曰：'是故易者象也，象也者像也。彖者材也，爻也者效天下之动者也。'凡此云云，皆舍宇宙之形迹以显其势用，所谓穷神知化，'妙万物而为言者也'。乾道变化，首出庶物；坤厚载物，含弘光大。天地交而万物通，其用也泰；天地感而万物化生，其用也咸；天地革而四时成，日月得天而能久照，四时变化而能就成，其用也应恒；推而至于万物，雷取其动、风取其挠、水取其润、火取其燥、山取其坚贞、泽取其虚受，莫不有妙用流寓其中焉。

儒道两家观察宇宙，皆去迹存象，故能官天地、府万物而洞见其妙用。准此以言宇宙，则一切窒碍之体隐而弗彰，只余艺术空灵胜境，'照烛三才，晖丽万有'矣。降及秦汉，道之妙、儒之理，渐次颓废，于是阴阳五行之说，杂乱并出，是后言宇宙者，乃遂滞于形迹，卑之无甚高论矣。阴阳之说，具见于儒道哲理之初，然其用极于刚柔之变化，固不若汗儒之执着形迹以为言也，五行之说虽原本于《尚书》（《尚书·洪范》近人颇有疑其为战国时人伪托者），但其义甚鄙，儒道先哲，多弃置弗论，唯汉儒竞相传播耳。此类'杂家'，虽浅俗不能窥见宇宙之奥妙，然于中国人崇尚艺术神思之通性，固犹未能尽去也。五行之为物虽若甚具体，然'杂家者流'亦且不能舍其势用而不谈也。试观下说，吾旨自明：'五行者，何谓也？谓金木水火土也，言行者欲言为天行气之义也。水位在北方，北方者阴气在黄泉之下，任养万物，水之为言濡也，阴化沾濡，任生木。木在东方，东方者阴阳气始动，万物始生，木之为言触也，阳气勃跃。火在南方，南方者阳在上，万物垂枝。火之为言委随也，言万物布施，火之为言化也，阳气用事，万物变化也。金在西方，西方者阴始起，万物禁止，金之为言禁也。土在中央者，主吐含万物，土之为言吐也。'（班固《白虎通》卷二《五行篇》）

又是人间好时节　水彩画　（焦毅强　绘）

中国人空间之形迹，虽颇近似希腊人之有限，然其势用乃酷类近代西洋人之无穷，其故盖因中国人向不迷执宇宙之实体，而视空间为一种冲虚绵渺之意境。老子曰：'道冲，而用之或不盈，渊兮似万物之宗。'又曰：'十辐共一毂，当其无，有车之用。埏埴以为器，当其无，有器之用。凿户牖以为室，当其无，有室之用。故有之以为利，无之以为用。'体形于实，而用寄于无，无也者，乃妙道之行相，非寂然无有之谓也，举此以喻空间，但觉渊然而深，幽然而远，一虚无缥缈之景象也。谢宣城尝曰：'鉴之积也无厚，而给穷神之照；心之径也有域，而怀重渊之深。'空间譬如莹镜，其积形虽若甚小，及其流光照烛，则举天地以总收之，揽括无余矣。空间宛如心源，其积气虽若甚微，及其灵境显现，则赅万象以统摄之，障翳尽断矣。荀子曰：'人何以知道？曰心。心何以知？曰虚一而静。心未尝不藏也，然而有所谓虚，不以所已藏害所将受谓之虚。虚一而静，谓之大清明，万物莫形而不见，莫见而不论，莫论而失位，夫恶有蔽矣哉！'实者虚之，最为吾民族心智之特性，据此灵性以玄览万象，真乃词人所谓'酒美春浓花世界，得意人人千万态'矣。"

傅佩荣先生认为：

"中国哲学的特色是把存在的领域联系贯通为一个完整的系统。既不忽略人的核心地位，也能兼顾宇宙大化流行，同时还为人的精神保留了无限提升的空间，使人可以成为圣贤（儒家）或成为诗人（道家），或成为先知（佛学）。换言之，总是要让人在生命过程中，实现更高的价值，由此彰显人类生命的特殊意义。"（傅佩荣《广大和谐的哲学境界》）

中国人的灵性，不寄于科学理趣，而寓诸艺术神思。人的自然本性是无知无欲，质朴无华，如同婴儿一样，纯真自然。老子所谓"见素抱朴，少私寡欲"，即是道家的自然人性论的基本内涵。但是，由于人的私欲膨胀，智力日增，遂使人逐步丧失了这种纯真无求的自然本性，导致人性异化与丧失。在道家看来多欲是一种祸害，"巧智"也是一种祸害。这里的所谓"智"是指技术机巧，并非人的知识和智慧。多欲和巧智带来了社会的假、恶、丑。

（六）"天人同构"构的是"空体"

在建筑中，"天人同构"构的是"空体"。在中国绘画中也谈"空"。

在中国画中，不能离开对"外空"的经营，"外空"即形外之空间。"外形"（建筑实体的外轮廓）与"外空"是一物之两面，互为正副之形。实物总有一种触觉的限度，空间则是感觉无限的。"外形"与"外空"把实物和空间结合成一个严密的整体，它们互称、协调，自然是一种相辅相成的关系。空间给实物以位置，实物给空间以形式。篆刻中的"分朱布白"也是这个道理。所谓刻朱文须从白处着眼，刻白文须从朱处着眼，就是深悟实体与空间奥妙的经验之谈。这种理解，如果用反向思维的方法创作，先从"外空"造型着手来确定"外形"，很可能会获得破格的构图，产生意外的艺术效果。

"外形"与"外空"要结合成一种"势"，呈现一种空间指向，才具有动感。

"外形"与"外空"要构成相互碰撞、相互挤压的关系，画面结构才具有活力。"外空"对"外形"的挤压越强，"外形"的张力便越大。"外形"与"外空"的界限愈分明，画面的力度感愈强，形式感愈鲜明。空白是中国画特有的形式，它存在于形外，也存在于形内。空白是挤压出来的，是从内部渗透出来的，是由于"外形"挤压而围合和限制出了"外空"的最佳状态。在建筑中构建"空体"，在"空体"中追求的是什么呢？是生化。建筑中的"空体"即是人生存小环境的"宇宙"，它与大自然的大宇宙相通，均含阴阳，即是一、二，这个阴阳的存在是为生化，即是三。一、二、三是一个过程，是生生之道，建筑中的"空体"追求的即是这个生生之道。这个生生之道指向人的生命。

方东美先生在《生生之德》中写道：

"中国人知生化之无已，体道相而不渝，同元德而一贯，兼受利而同情，生广大而悉备，道玄妙以周行，无旁通而贞一，爱和顺以神明。

生化有以下几个含义：1.育种成性义；2.开物成务义；3.创进步息义；4.变化通几义；5.绵延长存义。故《易》重

林中小桥　水彩画　（焦毅强　绘）

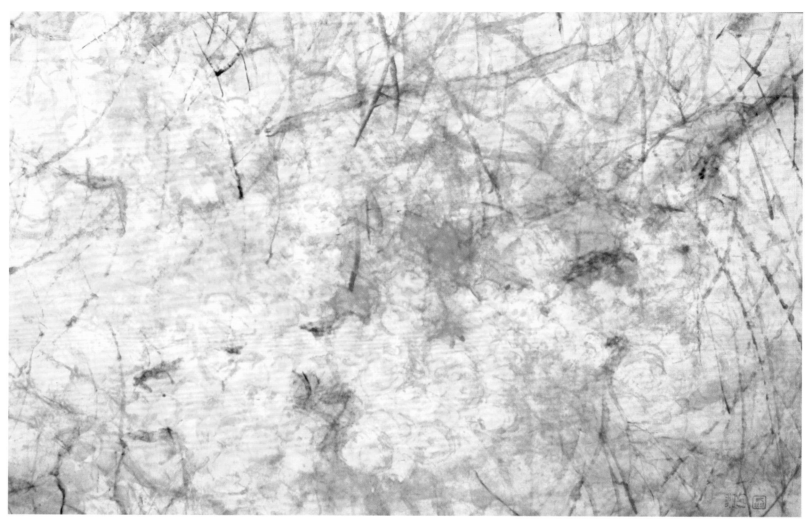

真佛不可见　水彩画　（焦毅强　绘）

言之曰生生。

　　爱之理。生之理，原来于爱，爱之情取象乎《易》，故易以道阴阳，建天地人物之情，以成其爱。爱者阴阳和会，继善成性之谓，所以合天地，摩刚柔，定人运，类物情，会典礼，爱有互相之义；五相者，一曰雌雄和会，二曰男女媾精，三曰明贞明，四曰天地交泰，五曰乾坤定位；四义者：一曰睽遇，

睽在《易》为'二女同居，其志不行'，'二女同居，其志不相得'；通在《易》为'天地睽而其事同，男女睽而其志通，万物睽而其事类'。二曰慕说。慕说在《易》为'柔进而应乎刚'，'二气感以相与，止而说，天地感而万物化生'，'刚来而下柔动而说'。三曰交泰。交泰在老子为'天地相合，以降甘露'……四曰恒久。在《易》为恒与既济定。《恒象》曰：

初日照高林　水彩画　（焦毅强　绘）

'刚柔皆应，恒；亨，无咎，久于其道也……观其所恒而天地万物之情可见矣。'

　　化育之理。生为元体，化育乃其行相。元体是一而不局于一，故判为乾坤，一动一静，相并俱生，尽性而万象成焉。生者，贯通天、地、人之道也，乾元引发坤元，体天地人之道，摄之以行，动无死地，是乃化育之大义也。

原始统会之理。生之体是一，转而为元。天之行孳多，散为万殊。老子曰：'道生一，一生二，二生三，三生万物。'道乃能生，能生又出所生，所生复是能生，如是生生不已，至于无穷。'"

　　在建筑自然中存在着"宇宙力"，建筑的"空体"是由建筑和自然围合的空间体，所以也同样存在着"宇宙力"。这个"宇宙力"在建筑的"空体"中不断进行着生化的作用，而这个作用直接关联到了人。

（七）"天人同构"中天与人的沟通

中国传统哲学以存在为"体"，以功能为"用"。

中国人认知的宇宙空间的本体是实有的，然而却无方所，无形象。如老子所言，"玄之又玄，众妙之门"。本体自身，即是显为变动不居的形象，离开变动不居的现象即无本体。

熊十力先生认为"本体"内部隐含着矛盾与张力，两极对待，蕴伏运动之机，反而相成，才有了宇宙的发展变化。本体同时具有两重功能，一为翕，一为辟。"翕"是摄聚成物的能力，由于它的积极收凝而建立物质世界；"辟"是与"翕"同时而起的另一种势用，刚健自胜，不肯物化，却能化物，能运用并主宰"翕"。本体正是依赖着一翕一辟的相反相成而流行不息的。翕（物）、辟（心）是同一功能的两个方面，浑一而不可分割。这两种势能，两种活力相互作用，流行不已。

"生化"是本体所蕴含的不容已之真机，是宇宙万变不息的原动力。就本体或物体的基本属性来说，它当然是空寂的，因为它不等同于具体的现象，离开了一切污染。

"生化的本体，元自空寂。其生也，本无生；其化也，本无化。因为生化的力用才起时即便谢减……生化之妙，好像电光的一闪一闪，是刹那刹那，新新而起，也就是刹那刹那，毕竟空，无所有。所以说，生本无生，化本不化。然而，无生之生，不化之化，然而，无生之生，不化之化，却是刹那刹那，新新而起，宛然相续流。儒家，善观空者，于寂而识仁，以其不耽空故；妙悟寂者，于寂而识仁，以其不滞寂故。儒家特别在生生化化，真机处发挥。"（郭齐勇：《熊十力"本体——宇宙论"诸范畴阐要》）

建筑"空体"中的"天人同构"，沟通了天、人。使在人生存的建筑"空体"即小宇宙中也存在了含有运动的生化运动，使宇宙的生化沟通了人的生化。

（八）"天人同构"在佛教中体现了大光明

就佛教哲学来说，熊十力先生指出：

"佛在谈本体，只是空寂，不谈生化；只是无为，不许说无为而无不为；只是不生，不许言生……，佛家只观空中之妙而归寂，不讲生生之盛。不悟生化，以便现出世的思想。"

佛教讲"众生皆有佛性"，都可以成佛。发掘人心无限的潜能去除遮蔽而展现光明。佛教谈及万物，以"缘起说"来解释。缘起又有三种，就是：业惑缘起，阿赖耶缘起，佛性缘起。它与宇宙万象的关系，可以用"真空妙有"来描述。变化中的事物皆为空，但此空又非断灭空，若是执空不放，亦是执著。要无限扩大人的思议范围，到达不可思议的境界，最后光明自动展示，形成"大光明世界"。

佛学是含藏有很高深、幽玄的哲学理念，是从佛学的宗教实践中所体验出来的境界，这种境界必须要有这种宗教实践与体验的人才能了解。我们人类处于一个极其复杂的世界，在这个极其复杂的世界中，又有许多不同的境界，不同的层次，不同的秩序，不同的阶级。

方东美先生在《华严宗哲学》中对于世界的诠释，有利于我们理解寺庙建筑的"天人同构"：

"从佛教的领域看来，在物质世界，即在色界里面，它有立体的层次，叫做三十三天，至少有三十几种不同的层次。除了色界的物质世界之外，尚有个精神世界。这个有情世界是生物学上的领域，是生命的种种领域。生命的领域中的高级生命又具有另一个基本条件，即从创造的演化里面产生心理现象、心灵现象；这就构成了心灵的世界、精神的世界、心理的世界、生命的世界。若用《华严经》的名词，叫做'有情世界'。人类能够运用他的大脑神经的活动，把他的生命范围从空间上面的有限境界，转向到无穷的三度景象；在时间里面，就能破除现在有限的时间，他可以产生过去，过去的过去；未来，未来的未来，过、现、未三世都可以把它扩充而成为无穷的时间领域。在这么一个情形之下，高级的生物，可以拿他的生命去构成一个生命的领域，再由他生命的创造活动开拓出许多广大的

休得争强来斗胜　水彩画　（焦毅强　绘）

心灵境界。世界不是封闭的世界，而是一个从有限到无穷的开放世界。然而这个开放的境界都是安排在物质世界里面，而这个物质世界，到处可能产生阻力，可以威胁到生命，可以威胁到心灵。为解决物质世界的种种威胁，《般若经》中就用一套五蕴，把物质的组合化成生理与心理的组合。然后拿生命来支配生理的组织，拿心灵来支配心理的活动。也就是将物质界化成了非物质界中的条件。这用《华严经》的名词，叫做'调伏界'。我们面对物质世界，并不是受它的支配，而是要把它转变成为生理组织，成为生命组织，成为心理状态，然后再去克服它。这就叫做'调伏界'。

在《华严经》里，除了色界以外，尚要面对有情世界的生命。因为这个有情世界的生命除了具有物质的条件之外，还具有心灵上层意义的重要性，只要我们能透过种种实践修行的方法，将物质点化成为心灵境界或精神境界，然后再施展生命的远大计划，对于这一种生命的远大计划，它所支配的生命，绝非个人的渺小生命，也许在宇宙的里面，是宇宙威力在那里帮助人类转变整个的世界。这样一来，就可以将调伏界转变而成为'调伏方便界'。什么叫调伏方便界呢？也就是把下层污染的世界转化成上层清净的领域。在上层清净的领域中去安排生命，安排有意志的生命，有情绪的生命。换言之，是有精神性的生命，有精神性的意义。然后由那个精神的意义构成新世界，用《华严经》的名词叫做'正觉世间'。在这个正觉世间中已不再是黑暗的世界，而是一个光明的世界，已不是迷惑颠倒的世界，而是充满了真理的世界。

《华严经》里面的宗教境界，对整个现实世界彰显出一个极大的愿望。它认为这个世界不仅仅是一个低层的物质结构，它已经把所有的物质结构，都提升到生命存在的层面。等到一肯定生命存在的层面之后，便能彰显甚多的神妙智用，也就是可以从心理状态与心灵的状态向外不断的启发，则一切艺术上面对于美的追求也来了，在道德上面对于善的追求也来了，在宗教上面对于神圣的信仰也来了。然后这就等于说整个的世界根本超化为大自在大解脱之境了。"

僧人在寺庙中修行，通过种种实践，将物质世界点化成为心灵世界，然后再施展生命的远大计划，实现超越生死的远大计划。在《只是为了善》一书中，笔者问学诚大和尚在建筑

空间（空体）中，与大宇宙中传递的是什么？大和尚回答是一种力，即命力。再看熊十力先生的观点"佛教谈本体只是空寂，不涉生化。"寺庙中的"空体"只是集聚"宇宙力"和传递"宇宙力"。这和道家、儒家有不同，道家儒家要在建筑"空体"中追求的是阴阳二气的生化作用。建筑"空体"的设定绝非只是为了支配个人的渺小生命，而是要借助宇宙威力的帮助与天地同构。

阴阳是道家指的二，生化指的即是三，有三才能生万物。佛教与道家、儒家虽有不同，但对建筑组织中的"空体"都有极大的追求。对实现他们各自人生目标中，都将希望通过"空体"起作用。

谈宇宙空性，谈生化立天地之心，秩然配天地之德，是古今哲人的事情，作为当今一名建筑师有感，而认为中国建筑的核心应是与宇宙生化模式的呼应，即建筑的"空体"。只有这个"空体"才能与天地之道相通，与大宇宙相通，相通了才能充满生生不已的活力，才能进而参赞天地的化育。这样的生存环境才能使生存其中的人成为君子，即孟子所谓的君子，"所过者化，所存者神，上下与天地同流"。使人的生命向着至美至善的目标发展。对于体现佛性的建筑"空体"而言则是立于"缘起"展现大光明。

"天人同构"构的是"空体"，是用建筑围合、挤压出来的空间，是从大自然中划分出一部分使其有了归属性。大自然本来就是天"构"的。所谓"天人同构"只是人在建造建筑实体的过程中将其再围合，才形成了"天人同构"。再围合出来的空间由于周边建筑实体的挤压出现了种种形态。因为有了种种形态，也就有了种种的气场，有了种种的命力。要追求人生存环境的至美至善则必须要研究分析，分析这些建筑"空体"的形态。

一般世俗界的人没有信仰，也不需要信仰。因为世俗界的人对于物质世界上面偶然来的刺激，他能拿听觉来应付，或以视觉及触觉来一一给予应付，并以为用一切感性的知识，就已经可以解释清楚了，试问他还要信仰什么？

"倘若我们从《华严经》的宗教领域去看，则它的平面世界一下子便展开而成为一个立体的结构。在这个结构中物质界是一个低层，在物质界上面可以建立起生命领域，在生命的

林下何曾见一人　水彩画　（焦毅强　绘）

山光悦鸟性　水彩画　（焦毅强　绘）

　　建筑与传统文化的回归——人与自然共同构筑环境

寒林　水彩画　（焦毅强　绘）

枯木雪径　水彩画　（焦毅强　绘）

残桥　水彩画　（焦毅强　绘）

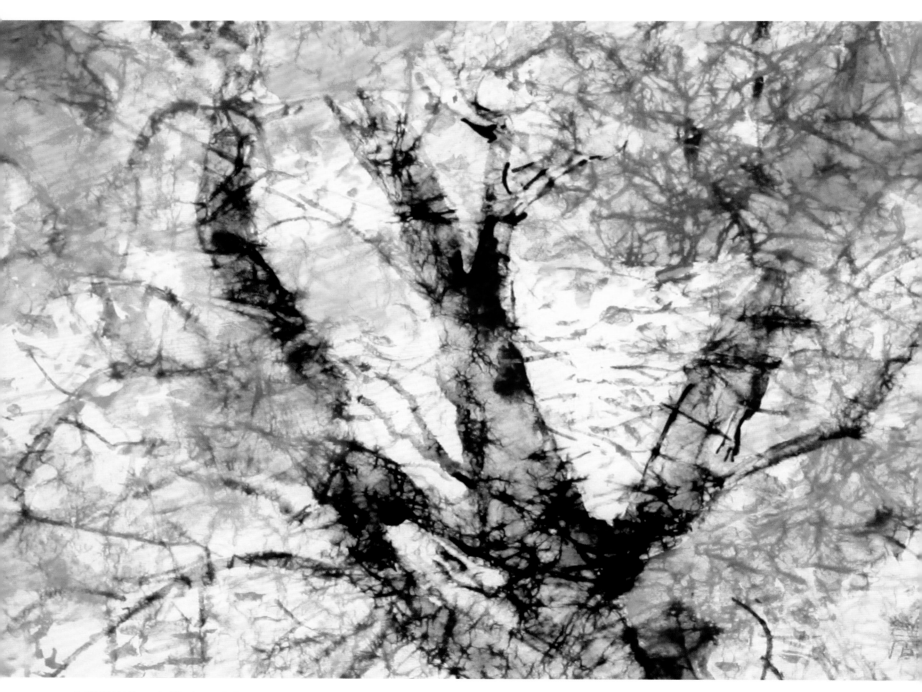

本源常清静　水彩画　（焦毅强　绘）

　　建筑与传统文化的回归——人与自然共同构筑环境

阳光照在树上 水彩画 （焦毅强 绘）

基层上面又可以建立心理世界，在心理世界上面又可以建立精神领域。这样一来，在下层世界里我们所梦想不到的价值，就一起会在上层世界里面显现出其重要性。所以在近代的物质科学上，我们对于价值可以采取中立，但是对于那具有艺术情操、道德理念及宗教信仰的人，绝不会仅满足于物质世界的领域，他一定要把这个世界加以改造，从改造色界成为有情世间；再从调伏界提升到能符合最高的理想，叫调伏方便界。最高世界里面都是精神的光明，经过这个精神的光明照射下来，可以把下层世界里面的黑暗都驱遣掉，而均变成光明面。"（方东美：《华严经哲学》）

从上述分析中我们可以看出，寺庙建筑的"天人同构"，在构建什么呢？可以说是构建一个在人的世界中的"大光明世界"。只有建立了"大光明世界"才能驱遣掉人心中的黑暗。而建立这个"大光明世界"则需要借助宇宙的力量。龙泉寺建在凤凰岭中就是借助大自然的力量。在建设中采用层层的院落围合以增加凤凰岭给予的自然力。龙泉寺靠僧侣共建，要建设一个在人的世界中的大光明的世界。我们去龙泉寺就会感觉到龙泉寺所建设的"大光明世界"，这里已经没有了社会上的黑暗面，没有了个人的私利。如果是初到龙泉寺就觉得进入了一个新的世界，这个世界就是"天人同构"的"大光明世界"。而这个"大光明世界"是僧侣修行活动必须的空间环境。"天人同构"的是一个人的理想境界环境，反过来建立的"天人同构"的境界环境又对人的生存起作用。僧侣们在这个"天人同构"的空间中提升自己的智慧，使每个人的智慧与宇宙里面的最高智慧相符合。这个最高的智慧用佛教名词来讲就是"菩提"，也就是"般若"与"菩提"相应。《华严经》有所谓"初发心时，即成正觉"。在里必须要有十心，即：信心、念心、精进心、慧心、定心、不退心、回向心、护心、戒心、愿心，这十种坚定的心灵态度产生伟大的信仰。龙泉寺"天人同构"十个连环的院落就是寓意修身者的十个坚定的心。这十个院落是属于物质世界的，对于修习佛法的僧侣来讲可以认为只是一种资源，让肉身生命有一个生存的环境。这十个院落是"天人同构"的，它不仅是物质的，在这十个院落里，僧侣的生命由低级到中级再到高级，在不断地进行着提升。这就要每个人都能够得到宇宙里面的力量。这个提升即是教化，是宗教的作用。

人所面对的一个是物质世界，物质世界的机械作用，科学技术作用带来的是物质。这些物质吸引我们；还有一个是精神世界，宇宙里存在着精神的向上性，人们会拿别人已经成就的精神来当榜样，向他学习。在西方的基督教精神中有所谓"效法基督"。在中国佛教中的净土宗里面，人人都可以念阿弥陀佛，念了阿弥陀佛一样可以起作用。文殊的智慧加上普贤的愿行，合起来便产生了弥勒。弥勒作为修佛的榜样，一步步地引导我们走向佛地的精神本体上面去，使整个世界都变成福田。普贤的愿行是什么愿行呢？这个愿行就是看见有人要坠入地狱时要想法将其拉上来，将人从黑暗和痛苦中解救出来。现在有很多破坏宇宙形体，危害生命的行为，这是应当下地狱的行为。这些行为应当制止，制止就防止了一些人坠入地狱，这就是普贤的愿行。

龙泉寺兴建的是一个佛教道场，佛教道场归于物质世界的层面，属于器。近代的技术、科学，近代的工程都属于器，假如只局限于纯宗教的立场，而看不起近代的科学，那可能就是宗教上面的傻瓜。在佛教里，除了正行之外还有助道。近代的科学、工程技术都是助道的工具。在龙泉寺的建设中融入了很多的现代科学技术，这些都是为了更好地助道。"天人同构"单指对自然的保护，指人生存的环境是自然和人共同建构的，这属于科学的层面，归于物质世界的范围。

"天人同构"在中国人的心中则不同，这个"同构"有一个更深的层次，有一个精神的追求。中国建筑中的"空体"即是精神的追求。中国建筑的实体是器是物质的东西，对中国人来讲"天人同构"的理念追求更多的是精神。

（九）"天人同构"的人文含义对当今的科学的意义

现代社会常有一些拥有"科学"宇宙观的人，对于宇宙必须从数理化的科学来认识，必须从生物学来认识。对于宇宙的科学认识必须运用一套科学的原理。用这些原理来分析宇宙物质世界的构造，生物世界的构造，心理世界的构造……

带红帆的船 水彩画 （焦毅强 绘）

这样一来整个世界就只拥有物质世界,再没有精神世界的存在。按这种说法"天人同构"就只是中国人的神话，是幻想。可是真正的科学态度就应当承认人类有精神的追求,有人文的需要,人不是单纯地建立在物质之上的。张钦楠先生曾认为："现在我们没有真正的科学。"在物理学方面，我们只是熟悉牛顿，而不看重相对论,不看重量子论的物理学,在天文学方面我们处在哥白尼天文学对太阳系小境界的认识。我们办事情常用一种不科学的态度,至今并没有建立较完整的科学体系。

现在出现在我们面前的过度开发、过度建设、破坏自然的行为就是一种违反科学的态度。

"天人同构"是一种观念,也是一种行为,先是从物质出发,后又上升为精神。也可以说"天人同构"的理念是科学和人文的一个共同载体。科学和人文的层面都同时存在,因为我们不承认其人文层面的观念,所以会毫不顾忌地破坏自然。对自然的破坏就打破了人与自然的平衡,自然环境破坏了,人的生存环境也就随着恶化了,科学也非常重要,现在要真正实现"天人同构",首先得借助于"精神"。

中国古代的圣者不重视建筑的实体,并不认为它多么重要,是多么贵重的财富。金银珠宝虽为世人的贪求,但在圣者心中这些现前的财富是皮相财富,绝不能与永远的真实的财富来抗衡。而真正的财富是精神的财富,这个财富是要从建筑的"空体"中取得的。如何从"空体"中获得呢?人惟有积善报,积了善报才能生成一个与天沟通的通道,才能在"天人同构"中获得唯一绝对的至真瑰宝。每个人都有向上的进取心,最怕的是"俗"和"鄙陋","俗"和"鄙陋"总是和下层世界中的一片黑暗、一片罪恶伴随在一起,总是使人生存在烦恼、痛苦中。人积了善报,获得"天人同构"的通道,就可以使人变成雅士,变成至高的道德人。而这些正是我们当前所急需的。

宇宙里面具有代表宇宙无限性的精神权力。这个权力不只在佛的手里和"天"的手里。佛与众生,天与人可以结合为一个整体。这个权力可以转换到众生的心灵里。通过转换,人的精神中将获得无限的力。佛和众生不可分,天与人不可分。"天人同构"的重要性就在这里。"天地与我并生,万物与我为一"是中国的人文精神。在当下,在人生存的自然环境遭到了破坏时,这种精神也是科学精神。

两朵荷花　水彩画　（焦毅强　绘）

禅房花木深　水彩画　（焦毅强　绘）

　　　建筑与传统文化的回归——人与自然共同构筑环境

满天星　水彩画　（焦毅强　绘）

拾柴　水彩画　（焦毅强　绘）

小马　水彩画　（焦毅强　绘）

马车　水彩画　（焦毅强　绘）

　建筑与传统文化的回归——人与自然共同构筑环境

三轮车夫　水彩画　（焦毅强　绘）

时尚 水彩画 （焦毅强 绘）

渠边的林木　水彩画　（焦毅强　绘）

熟了的柿子　水彩画　（焦毅强　绘）

二、中国传统建筑中的"天人同构"

雪中如意门　水彩画　（焦毅强　绘）

光照如意门　水彩画　（焦毅强　绘）

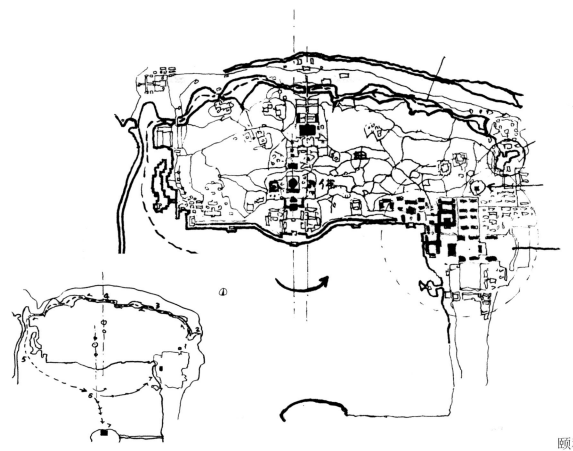

颐和园平面风水分析图

（一）颐和园的"天人同构"

所有去过颐和园的人，无不被其情景感动。在中国的园林中可以说是最美的、最震撼的、最神秘的、最感人的。这个清代建的园林的完美程度，我们今人的能力可能还不能达到。颐和园为何会有如此的效果，是用什么规律造的园？

颐和园如同中国的山水画一般。中国山水画讲意境，这个意境本是画家心中的，用笔墨表现出来。中国传统建筑讲意境，这个意境也是发生于人的心中的，用建筑的方式表现出来。反过来，看一张画，看一个建筑，从中能看出意境，那就是看懂了。去颐和园旅游的人不少，能看懂颐和园并不容易。我喜欢颐和园，想看懂它。

在清华大学上学时，有一段时间每天去画颐和园，画了几本，后来丢失了。近来我又画颐和园，目的是想读懂颐和园，将我的情与颐和园的景交融，从中感悟古人之造园意境。颐和园的景触动我的心，我的心中也生出一种意境，将这个意境用绘画的方式表现出来，就生成了画。这个画颐和园的行为也是心中接受传统文化感悟的过程。画的过程就是一个对传统园林感悟的过程。

颐和园全部是人工创造的，它再创造一个自然环境，这个自然环境实现了完整的人的理想。包括山的高低、走向；湖面的大小及整个环境的围合。颐和园的建筑是以点状插到这个再造的自然环境中，颐和园的南北主体轴线为 2 条有错位的南山和北山轴线，这两条轴线都是佛的轴线，而帝王居于颐和园的东部。

颐和园东宫门内景　水彩画　（焦毅强　绘）

　建筑与传统文化的回归——人与自然共同构筑环境

仁寿殿前的龙　水彩画　（焦毅强　绘）

人们常认为中国建筑发展的高峰在汉、唐。这只是指中国建筑的组成实体。中国建筑的重点在于组成。唐代以后佛教才真正发展，宋代出现了理学，明代出现了心学……这些中国文化思想对中国建筑的组成都有重大影响。从颐和园的造园水平来看，清代的中国建筑组织手段的确高于汉、唐。

颐和园重修建于清代末期，当时的大清帝国国力十分微弱。按中国人的传统思想，天与人是一个整体，人的力量来自宇宙。当时的帝王急需从宇宙中吸取力量。需要"天人同构"一个具有强大气场的行宫。颐和园的功用决不只是一个皇家的园林，而是一个帝王的行宫，即设一个综合功能的"离宫"，一个行政和执政中心。这个"离宫"需要具有一个强大的"宇宙力"的护持。

颐和园选在京城的西北，在层层的西山保护下，层层的西山形成了层层的宇宙气场。在玉泉山顶建了一个塔用以集中这些气场。这个塔处于玉泉山，同时它又是颐和园景区两侧围合的一个主要部分。可以认为玉泉的塔是一个"桥"沟通了西北的宇宙气场和颐和园的气场。玉泉山上的塔拉近了颐和园与西山的距离。

西山的"大宇宙力"传递到了颐和园的区域空间。在颐和园内，还要建立一个区域气场，这个气场生成运动产生的力才能对人起作用。大宇宙、小宇宙、人，三者共同构建形成人的生存空间。

颐和园的行宫建在全园的东部，而将其他部分都归入了自然。行宫（即人）占了很小一部分。山、水、自然占了大部分。这样做是为了组成一个大的气场空间（即"空体"）。人在这个大气场空间中得以提升，得以天人同体。

颐和园的山水自然是如何组织的呢。我们可以试从两个方面去认识它。

第一个就是易经。

《周易》蕴含着极深刻的哲学思想，包含了阴阳和合而生万物的意义。在我们研究中国古代许多重大的问题时候，都不能绕开它。

我们看《四书五经》中的《易经》：

"乾卦第一：

【索文】乾：元、亨、利、贞

初九　潜龙勿用

九二　见龙在田，利见大人

九三　君子终日乾乾，夕惕若，厉无咎。

九四　或跃在渊，无咎。

九五　飞龙在天，利见大人。

上九　亢龙，有悔。

用九　见群龙，无首吉

【译文】

乾卦象征天。此卦大吉大利。

初九　巨龙潜伏在深渊，暂时不适宜施展才能。

九二　巨龙出现在田野，宜于发现大德大才之人。

九三　君子终日健行不息，时刻戒惕警惧，即使危险，也能免遭灾祸。

九四　巨龙有时腾跃上进，有时退处深渊，没有灾祸。

九五　巨龙飞行于云天，宜于发现大德大才之人。

上九　巨龙飞行至极顶，定遭困厄。

用九　天空出现一群巨龙，没有龙王，大吉大利。"

乾卦象征天，也象征帝王，用龙来表示。

龙从出现到成长，最后成为龙之王，乾卦指出了它的规律。一开始是生成龙，但龙还很弱，所以要潜伏，不适宜施展才能。接下来龙有了些成长，可以出现在田野了。但要寻求帮助，即发现"大人"（即大德大才之人）。龙在成长过程中很努力，而且警惕，遇到危险也能克服。龙进一步成长有可能腾跃上进，有时退居，是时隐时现的。这时没有危险。

龙可以飞到云天上了。但是最好还是要寻求大人的帮助。龙如果飞得太高了一定会有危险。这时的龙是要虚心的。最后龙在天上，有一群龙但没有王。这时龙自然就成王了。在颐和园里的帝王已经是王了。他现在需要自然的"宇宙力"。这个力要具有天龙的王力。

通过对上面乾卦的分析，我们再看颐和园气场中"宇宙力"，由生成发展到具有王力的过程，即在建筑"空体"中是如何运行组织的。

颐和园的空间布局分为两大部分。帝王活动的空间位于东侧，其余均为山水自然空间。整个颐和园是自然和人同构在一起的；人从自然中得到加持的命力。

从东门进入即是帝王活动区，是庄严，连续，一环套一环的院落组合。在这些院落的东北侧，有一个城称为"紫气东来"。夹在山体中，跨入门就来到后山，这个门是一个界。可以认为它就是气口，是云起处。按"乾卦"是"龙"生成的位置，是紫气带来的。

过了"紫气东来"这个门，是谐趣园。谐趣园是个园中园，由曲折连续的建筑围合了一个中间是荷花池的院落。"紫气"到这里化为水，已生化为"潜龙"。"潜龙"被围合起来，这个谐趣园的寓意，即是"乾卦"的初九，潜龙勿动。

过了"谐趣园"才真正地到了后山，后山整个的意境是深山的峡谷。渠水弯转两侧为芳草林木，这即是"乾卦"中的"九二，见龙在田"。渠水在山谷中流淌，即为"九三，君子终日乾乾"。这个渠水在后山曲折前行，过峡谷，过廊桥，有时开阔，有时收缩，即是"九四，或跃在渊"。渠水出了后山变得开阔，渠水已不是渠水成为河，即是"九五，飞龙在天"。这段一直到"石舫"，天地已经开阔，作为龙如果认为这就达到目的了，就错了，即是"上九，亢龙有悔"。最后进入昆明湖更大的天地就是龙入海，即是"用九，见群龙，无首吉"。这龙最后归入两个位，天龙归入龙王庙，向北与佛香阁对景。即龙王拜佛。人龙归入东区的帝王宫舍加大了命力。这就是用"易经"来观颐和园的"天人同构"。清代帝王是信佛的。因为信佛在颐和园的"空体"里又加了一层佛的护持力。颐和园的主山全部归属于佛，是佛山。佛山有两条轴线，一条在阳，一条在阴。这两条"佛轴"没有重合故而形成一个错位产生旋转的力，即是"转法轮"。在颐和园中使法轮常转以增强对帝王的护持，达到"天人同构"的目的。

颐和园的"天人同构"并没有挽救大清帝国灭亡的命运。但颐和园的"天人同构"构建了一个优美的园林，一个非物质文化遗产。"天人同构"在颐和园的应用对当今园林建设还应存在很大的指导意义。

乾隆建园，八国联军毁园，慈禧恢复，至今已200多年。这一精美的园林有很多人讲解、描述、赞美它，并有很多专门的研究。我这里是从园林设计的角度，按"天人同构"的思维方式去分析。颐和园就像一盘摆好的棋，人们可以从不同的角度去分析，从不同的角度去认知。我认为颐和园的布局，乾隆、

慈禧肯定有想法，这个想法不会只是些建筑形体表面的，而应有较深层的寓意。关于颐和园中哪个建筑，哪部分取自哪个名胜，不重要，因为中国建筑的基本体是一致的，谈不上谁学谁，都差不多。颐和园的造园重点在空间布局上，即在"空体"上。颐和园的"空体"的生成取自三个因素：

（1）易经的乾卦；
（2）佛教的"转法轮"；
（3）儒家的"礼"。

易经的乾卦对颐和园"空体"的影响，形成了层层的曲折变化；前山、后山的变化；水系的从弱到强的变化，由气到池，到渠，最后形成海（昆明湖）。其情景的不断放大让人体会场空间命力的不断增强，体会到生生之德。

佛教的两条轴线形成的扭矩，使人受到法轮的旋转，感到了"空间场"的旋转力，这个旋转力生成了大山水场景中的大光明。

儒家的礼，制约了颐和园的格局，这一格局是一个堂堂正正的，对称、严谨，层层院落体现了层层的等级次序。每一个院落，每一个对称的场景，都像"君子一样堂堂正正"，这种堂堂正正，表现正大光明。

颐和园的造园是一个大山水格局，在大山水中表现了正大光明。

而颐和园中的亭台楼阁只是类似于一个音乐中的音符，这些音符是时隐时现显于山水自然中的。

东宫门庭院　水彩画　（焦毅强　绘）

　　建筑与传统文化的回归——人与自然共同构筑环境

紫气东来关门　水彩画　（焦毅强　绘）

谐趣园（一）　水彩画　（焦毅强　绘）

谐趣园（二）　水彩画　（焦毅强　绘）

　建筑与传统文化的回归——人与自然共同构筑环境

谐趣园（三） 水彩画 （焦毅强 绘）

谐趣园（四） 水彩画 （焦毅强 绘）

谐趣园（五） 水彩画 （焦毅强 绘）

谐趣园（六） 水彩画 （焦毅强 绘）

谐趣园（七）　水彩画　（焦毅强　绘）

颐和园后山的落叶 水彩画 （焦毅强 绘）

颐和园后山的荷池 水彩画 （焦毅强 绘）

建筑与传统文化的回归——人与自然共同构筑环境

颐和园后山小景（一）　水彩画　　（焦毅强　绘）

颐和园后山小景（二） 水彩画 （焦毅强 绘）

颐和园多宝塔　水彩画　（焦毅强　绘）

颐和园寅辉门城关近景　水彩画　（焦毅强　绘）

颐和园后山苏州街　水彩画　（焦毅强　绘）

颐和园寅辉城关　水彩画　（焦毅强　绘）

颐和园后山中轴线　水彩画　（焦毅强　绘）

　　建筑与传统文化的回归——人与自然共同构筑环境

颐和园后山中轴线的须弥灵境　水彩画　（焦毅强　绘）

颐和园北宫门　水彩画　（焦毅强　绘）

　建筑与传统文化的回归——人与自然共同构筑环境

颐和园须弥灵境雪景　水彩画　（焦毅强　绘）

颐和园宿云檐城关　水彩画　（焦毅强　绘）

　　建筑与传统文化的回归——人与自然共同构筑环境

颐和园万寿山秋景　水彩画　（焦毅强　绘）

风雪万寿山　水彩画　（焦毅强　绘）

　建筑与传统文化的回归——人与自然共同构筑环境

风雪龙王庙　　水彩画　　（焦毅强　绘）

风雪廊如亭　水彩画　（焦毅强　绘）

　　　建筑与传统文化的回归——人与自然共同构筑环境

风雪知春亭　水彩画　　（焦毅强　绘）

风雪文昌阁　水彩画　　（焦毅强　绘）

　　　　建筑与传统文化的回归——人与自然共同构筑环境

转轮藏和昆明湖石碑 水彩画 (焦毅强 绘)

颐和园宝云阁　水彩画　（焦毅强　绘）

　建筑与传统文化的回归——人与自然共同构筑环境

颐和园智慧海　　水彩画　　（焦毅强　绘）

颐和园长廊 水彩画 （焦毅强 绘）

清华轩　水彩画　（焦毅强　绘）

长廊边的院门（一）　水彩画　（焦毅强　绘）

门前雪景　水彩画　（焦毅强　绘）

颐和园小石桥　水彩画　（焦毅强　绘）

长廊边的院门（二）　水彩画　（焦毅强　绘）

文昌阁　水彩画　（焦毅强　绘）

　　　建筑与传统文化的回归——人与自然共同构筑环境

知春亭近景　水彩画　（焦毅强　绘）

松林中的知春亭　　水彩画　　（焦毅强　绘）

德和园中的院门（一）　水彩画　　（焦毅强　绘）

德和园中的院门（二）　水彩画　　（焦毅强　绘）

院落鸟瞰　水彩画　(焦毅强　绘)

德和园中的院子　水彩画　(焦毅强　绘)

柳堤　　水彩画　　（焦毅强　绘）

蚕神庙　　水彩画　　（焦毅强　绘）

　　建筑与传统文化的回归——人与自然共同构筑环境

玉带桥（一）　水彩画　（焦毅强　绘）

玉带桥（二）　　中国画　　（焦毅强　绘）

绣漪桥　中国画（焦毅强　绘）

界湖桥 中国画 （焦毅强 绘）

石板桥　中国画　（焦毅强　绘）

石拱桥　中国画（焦毅强　绘）

豳风桥　中国画　(焦毅强　绘)

练桥　中国画（焦毅强　绘）

（二）"天人同构"的院落

中国传统的住宅、府邸、皇宫都是以院落的形式出现的，单一院落或是层层院落。庭院位于中心，东西南北四方向是由建筑围合的。庭院的这种围合形式与中国传统对宇宙的认识有关。中国人认识的宇宙首先有一个中心，这个中心向东西南北四个方向展开。这就是人生存的大地；天是覆碗状的，是个半球将大地盖住，这就是天圆地方。天和地用二绳四维这四条绳子将其固定在一起。这个天和地围合的"宇宙"在中国人心中是一个封闭的空间，这个空间有阴阳，同时有阴阳的互动的生化。这是中国人认识的"一"、"二"、"三"，"三"是生化，生化生万物。这即是"天人同构"的院落。

中国人对自己的院落追求朴素、平常，追求与他人的一致性。这种追求来源于精神的追求。

《诗》曰："衣锦尚絅。恶其文之著也。故君子之道，暗然而日章；小人之道，的然而日亡。君子之道，淡而不厌，简而文，温而理，知远之近，知风之自，知微之显，可与人德矣。"

［译文］

《诗经》说："锦缎服装罩单衣。"这是因为嫌恶锦服的纹彩太鲜明了。所以，君子的为人之道是：外表暗淡无色而美德日渐彰显。小人的为人之道是：外表色彩鲜明，但内心的色彩渐渐地消亡了。君子的为人之道还在于：外表素淡而不使人厌恶，简朴而有文采，温和而又有条理。知道远是从近开始的，知道教化别人先从自己做起，知道隐微的东西会逐渐原形毕露，这样就进入圣人的美德中了。

中国人追求君子之德，行为合于礼，因此居住的院落是严谨而有秩序的，营造出一种恭顺、谦和的气氛。

《论语》曰：孔子于乡党，恂恂如也，似不能言者。其在宗庙朝廷，便便言，唯谨尔。

［译文］

孔子在家乡，非常恭顺谦和，好像是一个不善讲话的人。而他在宗庙里或朝廷上，他说话却非常明白晓畅，只是很谨慎罢了。

中国院落的对外形象，就像一个君子一样，严肃谨慎，在简朴中体现着等级。君子的对外礼仪即是这样。

《论语》曰：执圭，鞠躬如也，如不胜。上如揖，下如授。勃如战色，足蹜蹜，如有循。享礼，有容色。私觌，愉愉如也。

［译文］

孔子在参加聘礼的时候，手里拿着圭，弯着腰，毕恭毕敬，好像拿不动一样。举高一点，像是作揖；举低一点，又像是递给别人东西。脸色严肃，就像临阵作战一样；脚步细碎谨慎，好像沿着什么似的；在进献礼时脸色和气。以客人身份会见宾客时，显得轻松愉快。

院落的大小根据等级而变化，但其基本的围合形式是不变的。每一个院落都喻意一个"小宇宙"，与大宇宙连通，每一个院落都体现着"天人同构"。相同等级的人与天的对应的层次是一样的，相同等级的人的院落也是相同的。围合院落的建筑坐落在东西南北四个方向。北房是正房，一定会高一些，就像一个堂堂正正的君子坐在那里。东、西房会矮一些，就像

曹氏西山故里院落（一） 中国画 （焦毅强 绘）

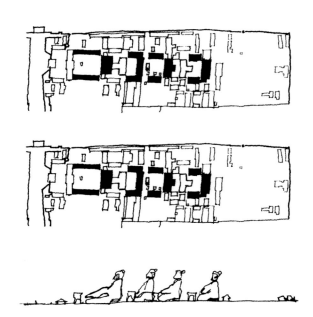

中国院落平面分析图

君子正堂而坐，伸出去的两个手臂。南向的房会更矮一些，好像君子正堂而坐，前面的桌案。每一个院落都是一个端端正正的君子。这种院落基本相同，就像音乐里一个不变的音符。院落与院落的排列好像音符的排列。连续的院落归于等级秩序，并恰好地融合了自然环境。每个区域都形成了合适的乐曲，而这一切都是与自然融合"天人同构"的。

"文革"时，我下放到河北农村。看到了在农村中一个新家庭的形成。在河北农村，一个将要成年的男子很早就要准备建房，他会用很长的时间去打胚。胚是用筛过的黄土，放在模具中夯实而形成，用于砌墙。

胚没有经过烧制前，它是怕水的。为了墙面的防水和美观，房屋的外表加上一表砖。这叫外表里胚。这个要成婚的男子要用很大的力气并准备一定的资金，来组成属于自己的家庭宅院。当这个宅院建造时会来很多亲友帮他，体现了邻里的亲和关系。这个新家庭的居所是在大自然中围出了一部分，建造是由家族亲友共建的。这个院落就形成了一个"天人同构"的居所。这个院落是亲朋众人共建的，形成了很大的人气。大门口会贴上一副对联："忠厚传家久，诗书继世长。"表示这个家庭将坚守忠厚的道德并努力学习正宗的文化。孔府在中轴线上的几个连续院落，就似坐着的几个君子。故宫的院落是平的，围合了一个大人。孔府和故宫都有一个后花园，有一个从属于自然的部分，形成了"天人同构"的重要组成。

观老子之言：

曹氏西山故里院落（二）　　　中国画　　　（焦毅强　绘）

"道可道，非常道；名可名，非常名。"

"道"指现象界的规律，"名"指规律运行所生化的事物。"道可道"，道运行规律是可循的，"名可名"规律化生的果也是可循的。"道"和"名"不是摸不到头脑，是可以得到它们的规律的。但是它是"非常道"、"非常名"，它们的规律和运行的果是无定式的，是千变万化的，可以认为和佛教的"无常"类似。这里讲，我们认定一个事物的规律可能是"可道"的。

老子讲：

"天长地久。天地所以能长且久者，以其不自生，故能长生。"

天地永恒而长久。天地为什么能够长久呢，因为，它在运行中所生化的不是自己，不是再生出个天和地来，而是生出他物，所以天地能够长久。

老子讲：

"道生一，一生二，二生三，三生万物。"

这里的"二"是指阴、阳，也就是是天、地，在这里"二生三"也是指天地不自生，生的是"三"，"三生万物"。

我们从上述老子的三句话的含义来反观中国建筑，可以这样认为，中国建筑中的科学和传统是两极，即"二"，也可认为即是天、地。按上述老子的第一句，"道可道，非常道"，可认为，中国建筑中的科学与传统的继承是有"道"可循的。比如梁思成先生，用科学的方式研究传统建筑中的一些符号，即是"道可道"，随后即有"名可名"。但要注意到，"非常道"，"非常名"。比如只停留在对古建的研究上，只停留在与传统符号的传承上就不行。现实的例子很多，"大屋顶"时兴一阵就被叫停了，过一段又拿出来，还是"大屋顶"，又被叫停了。被反复叫停，不是这种方式不对，而是要"非常道"，要变化，不变化不行。就是要生"三"。

按上述老子的第二句："天地所以能长且久者，以其不自生，故能长生。"天地的运行，不是再生第二个天与地，第三个天与地，不是生出自己，而是生出他物。中国建筑的两仪——科学和传统也不应只是自生，"科学"只停留在"科学"层面。"传统"只停留在"传统"层面。这就是天地自生，不能长久。这方面例子也很多。比如我们过去认定的一种搞法，一个城市，一个地区，划分为两个部分。其中一个部分搞"现代"的，另一部分搞"传统"的。行得通吗？现在已经出现了较大问题。

按上述老子的第三句："道生一，一生二，二生三，三生万物。"其中有两个起决定作用的过程，即"一生二"，这个过程是要生出"三"来，即要化生。注意不是自生，按现代人的观念这个过程不是物理过程，是化学过程。要生化出另一物。中国建筑的两仪即是"二"，要生的也应该是"三"，不是各自停留在自己的层面，科学与传统要化生，生出个"三"来。这个"三"就是我们需要的。梁思成先生化生出"三"来了，戴念慈、张镈……也化生出"三"来了。那么以后呢？"道可道，非常道；名可名，非常名。"我们不能只运用前人的方式，前人的那个阶段已经过去了。天地不自生能长久，反过来讲要想长久就不能自生。中国建筑的发展也是这样。

老子曰：

"……无，名天地之始；有，名万物之母。故常无，故以观其妙；常有，故以观其徼。此两者，同出而异名，同谓之玄。玄之又玄，众妙之门。"

"无"，指的是天地的开始，"有"指的是万物的生成。从"无"到"有"就是从没有生出个有来，要想生出个"有"来就得从"无"开始，要想经常生出"有"来，就得经常清空到"无"，经常"清空"；经常生"有"，实际上是一回事，是一个循环的过程。这个过程是个很玄妙的过程。中国建筑的发展过程也应是这样。不断清空到"无"，然后让它生出"有"。比如科学与传统符号的继承方式先给它清空到"无"，先不用这种方式，自然会生出另一种方式，这种方式一出现即是生出"有"。笔者认为《建筑与传统文化的回眸与反思》一书中提出的"建筑的空体"就是想寻找另一种方式，在本书中提出的"天人同构"也是为此目的。即所谓"故常有，欲以观其徼；常无，欲以观其妙"。

（三）"天人同构"从"空体"入手进行设计

凤凰岭龙泉寺在一定意义上来说，是从"空体"入手完成的设计。这个设计不同于其他建筑，是和尚居士们共同完成的。龙泉寺连续十个院落，层层相环以增强"场"中的命力。这就是从"空体"入手的设计方式。龙泉寺将原有老建筑的卷棚屋顶作为一个基本实体，即作为一个音符。而且只用了这一个音符进行组合、排列围合出了十个相环的院落，凸显了龙泉寺的庄严和神秘，让人感到"命力场"的存在。建筑设计从"空体"即从虚开始，而不是从实体开始。这就是中国建筑的传统方式。

因为新的机缘，笔者近两年参与到古药山寺的恢复重建工作中，对于"天人同构从'空体'入手进行设计"这一思路又有了深入的认识。

古药山寺的恢复：

1. 扬善

弘一法师有言："不为自己求安乐，但愿众生得离苦。"我与柏林禅寺明影禅师相识近2年，真是君子之交淡如水，我崇尚佛教的善，从明影禅师处可得到善知识，但我们交往并不很多。最近见到明影禅师，他讲他要恢复湖南药山古寺。药山寺位于乡村，古寺早已不存在了，明影禅师一个和尚，去恢复药山寺，继承药山惟严法师的志向，将佛法弘扬于民间，是一个善为，但它更是一个极为困难艰苦的事。明影禅师这个志向可说是一个大志向。从一个方面说，明影禅师是一个穷和尚，一无所有。从另一个方面说，明影禅师很富有，他有善知识。明影禅师要干的是扬善的事，我的心目中佛法就是善法，佛教是一种教育，教化人心，教化人心向善，这就非常好。当今社会，道德层的东西有些丢失，扬善是当务之急。明影禅师去扬善，我支持他。为此我初步构想了古药山寺恢复的草案。

2. 兴建药山寺竹林禅院的机缘

（1）此地古称佛国

"此地古称佛国，满地都是圣人。"是弘一法师亲笔所写宋代大理学家朱熹对泉州这座历史文化名城的评价，直到现在仍写于泉州开元寺的正门。古药山寺所在，也堪称"佛国"。药山寺是我国著名的佛教圣地，也是禅宗曹洞宗的发源地。药山寺的复建和禅宗规划应

竹林禅修区 中国画（焦毅强 绘）

具有深远的国际意义。药山寺原名慈云寺，始建于唐代，唐贞元至大和年间蔚为壮观，俗传骑马关山门。唐代高僧惟严禅师住此寺四十余年，传承禅宗，名传遐迩。惟严禅师圆寂于此，唐文宗赐"弘道大师"，为中国一代禅师，以其为宗师的曹洞宗由僧人道元在南宋时期传承至东南亚国家和地区。

惟严禅师亲手创建的药山寺，几度沧桑，几度兴废。清初复建的古药山寺，占地48亩，前有山门戏台，依次有天王殿、苇驮殿、大雄宝殿、观音殿、方丈楼，主殿两旁有供诸佛诸祖的侧殿及配房数十间，其规模之雄伟，佛殿之巍峨，佛像之高大，在国内都是少见的，是中国传统文化宝库中的一份珍贵遗产。

禅宗南宗在唐朝后期传播迅速，并发展成为禅宗的主流，到唐末五代时期，派生五个流派：临济、曹洞、沩仰、云门、法眼，统称禅门五宗，或称禅门五家。五家当中流传时间长、影响较为深远的是临济宗和曹洞宗。曹洞宗提倡"五位说"，以"回互"著称，施教方式是"行解相应"，精耕细作，态度较为稳健、绵密，不仅具有哲学的辩证精神，且体现出禅宗对儒道两家思想的融摄。

（2）药山竹林中的禅修

古药山寺位于湖南省津市市棠华乡药山村，满山的竹林实为竹海，在当前城市环境恶劣的时期是一个绝好的修隐场所。修行就是要突破色身、意识与业障这三大障碍，让自性回复原有的光明。"禅"是人生的指南，修禅除了让我们获得一份自在圆满的心灵之外，在人生的命运中"禅"不断点燃我们心灯，提升人格层次。在竹海中禅修，远离尘世的喧嚣，人世的纷繁，即便是短期的，也会受益多多。

3．建寺中的"天人同构"

建寺中的"天人同构"，含有两个层面：一个是天，即自然的层面；一个是人，即众人是成千上万的众人的层面。先谈天，明影禅师拿来了一个古药山寺区域的航测图。我看到后很激动，那么大的一个气场空间，山体层层围合。我想不出古人没有航测图是如何认知这个层层围合的大气场空间的。中国人认识的天就是宇宙，就是自然界。中国人认为宇宙中存在着一和二，即宇宙生出阴阳两气。这两个气是宇宙的根本，当然也是人的根本，人本来就是宇宙中的一部分，人和宇宙同体。阴、阳运动就产生了力，这个力就是命力、生命，这个命力即

是生生之德。在中国传统的儒、道家来看这个生命力，阴阳交错即产生万物，即是中国人认知中的"一、二、三"中的"三"，有了"三"才能化万物。佛教不那么认识，按照熊十力先生的说法，佛教认为这个"命力"只扩大，不交媾，不化万物。无论哪种说法，都认为宇宙中存着命力。

在古药山寺的自然围合环境中即存在着命力。人们需要这个命力。所以要通过"天人同构"来传道。这个"天人同构"即是在这个气场中众人和合共同创造一个承接"命力"的平台。古时的药山寺就是这样一个气场平台。古药山寺至今仍有古时的"天人同构"的"命力场"，即有药山惟严老和尚的气场存在。

今天明影禅师要恢复古药山寺，就是要继承这个古气场。要真正地继承古药山寺气场，恢复药山寺，需要众人和合。这个众人有，但是还没有集合。这就需要一个领袖，这个人就是明影禅师了，他要担当，他要吃苦，他要带头先干起来。

4．计划建寺的步骤

佛教讲次第，儒家讲秩序。恢复古药山寺需要有个步骤，一步一步地来。现在建寺常有一个方式，那就是某个政府或某个"大款"来出资，这种建法常有一个目的，为了营利，为了钱财而建。这时建的就是一个旅游庙。

真正的寺庙建设非得众人和合不可，众人受到佛法的教育，大家需要一个宏善的场地，众人共同流血、流汗去建造。这就是"天人同构"的过程，有了这个过程，这个气场的命力才能关联到众人。

古药山寺的恢复一开始，众人还没有集合，所以一开始不可能先恢复古药山寺。先要找一个源起，从源起开始，这个源起肯定隐于自然山水之中，我们要发现它。

第一步，村外，古寺外的山水，竹海中寻一小片安静之地作为源起。先建禅堂，以行禅开始，同时教化人心，逐步地集结众人的力量。

第二步，完善禅堂区，扩展禅堂，兴建迎宾馆，组织众人行禅，参加农耕园的行动。

第三步，众人集合后，资财准备后，恢复古药山寺。

第四步，改造原有村落，实现弘一大师所说的："此地方古称佛园，满地都是圣人"的目标。

古药山寺恢复的第一步又分为两个部分：

药山寺竹林禅院　　中国画　　（焦毅强　绘）

设初步的禅修区，于"竹海"中设"竹林禅院"。

将老寺区，由当地民众保护的几间庙堂整修好。

这样就有了基本的修行和普法的场所。

5. 药山寺竹林禅院的构思

（1）先要扶持古寺的元气。保护好位于古寺区西北角简陋的佛殿是第一位的。同时源起古寺的气，需要在大自然中养护，以便在药山寺总体恢复中壮大。竹林禅院提供了一个修禅养气的场所。

（2）竹林禅院的建筑风格：竹林禅院是药山寺的一部分。竹林禅院的建筑风格只能延续唐代风格，是一个从唐代风格中走到现代的建筑形式。

（3）竹林禅院应当轻轻地放置在竹海之中，绝不能扰乱自然的气场，当然更不能破坏竹林，使竹林禅院真正的隐藏在竹海中。

6. 竹林禅院的设计

为保护好竹林，竹林禅院的建筑是架空的、分散的、小体量的、轻型的。竹林禅院的风格既要延续唐风，又要轻型。

其将是一种由古唐进入现代的融合形式。

竹林禅院散隐于竹海中，需要一个围合的气场空间。

7. 竹林禅院的组成

竹林禅院的规模定为60人。

其组成为：

禅堂：供奉祖师，30人规模，面积为120 ㎡。

教室：供奉观音菩萨，60人规模，面积为108 ㎡。

方丈室：2座，面积为120 ㎡。

客房：64人规模，面积为480 ㎡。

斋堂：供奉弥勒菩萨，60人规模，面积为50 ㎡。

茶室：60人规模，面积为50 ㎡。

塔楼：供奉大黑天菩萨，面积为10 ㎡，并设钟楼1座。

竹林禅院总建筑面积：986 ㎡。

禅房是神圣庄严的，为二层四角攒尖式，设高窗，避直风。客房为朴素简洁的风格，为独居式房间。斋堂、茶室为单层卷棚屋顶，外墙较为通透，以便在室内体会竹海的意境。

竹林禅院（一）

竹林禅院（二）

　建筑与传统文化的回归——人与自然共同构筑环境

下 篇：广大而精微

—— 天人同构中的建筑师

焦 舰

春花　水彩画　（焦毅强　绘）

鸟瞰旧金山（一）　　水彩画　　（焦毅强　绘）

鸟瞰旧金山（二） 水彩画 （焦毅强 绘）

一、从天上到人间

林前的小桥　水彩画　（焦毅强　绘）

一世同生生世世无异，也是经过无数的轮回，知道态度的不同是因为距离的远近，但究竟来讲都没有什么区别，在经历变换而已。知道焰火很快熄灭，又能像孩子般激赏它的美丽，是创作者对生活应有的心。

"致广大而尽精微"是《中庸》里的名句。前后语为：

"故君子尊德性而道问学，致广大而尽精微，极高明而道中庸。温故而知新，敦厚以崇礼。"

朱熹在《四书章句集注》中对其解释为：

"尊者，恭敬奉持之意。德性者，吾所受于天之正理。道，由也。温，犹煖温之温，谓故学之矣，复时习之也。敦，加厚也。尊德性，所以存心而极乎道体之大也。道问学，所以致知而尽乎道体之细也。二者修德凝道之大端也。不以一毫私意自蔽，不以一毫私欲自累，涵泳乎其所已知，敦笃乎其所已能，此皆存心之属也。析理则不使有毫厘之差，处事则不使有过不及之谬，理义则日知其所未知，节文则日谨其所未谨，此皆致知之属也。盖非存心无以致知，而存心者又不可以不致知。故此五句，大小相资，首尾相应，圣贤所示入德之方，莫详于此，学者宜尽心焉。"

这几句话可以说是《中庸》的总纲，也是我们中国主流文化思想的核心。其所陈述的道德立场，值得我们中国建筑师自省。其中"致广大而尽精微"一句，意思是既要致力于达到广博深厚的境界，还要尽心于达到精细微妙的境界，对建筑师有更加直接的针对性。建筑师若只是盖房子，即是工匠而已。现代社会的建筑师，向上承接着人文、城市各个学科的影响，向下呢，又要有细致入微的体验，并将心思注入每个细节。在这样的定位下，建筑师面临着怎样的困惑，以及在我们眼前有着怎样的出路呢？

（一）从万米高空俯瞰

在万米高空，远处云端的那一抹亮色逐渐靠近、变大。那是一个城市，从南中国到北中国 3 个小时航程中掠过的一个城市。也许是武汉？无法辨析。在这种尺度，城市的一切特点都渺小到无，它只作为一个人类的聚居地冲到你眼前。

在已经能感觉到地球弧度的高空，在黑沉的连成一体的天空与大地中，城市——人类的聚居地，明亮的灯火，中心的一团竟仿佛要烧起来了。

微尘般的人到了天空，俗眼有了神的视点，不禁惊叹人类的力量，生存和繁衍的本能在燃烧。

前一年也是在飞机上，经过无尽的沙漠，飞行了两个钟头吧，还没有穿过那一片的黄澄澄。起伏的沙丘，清晰而平静，她傲慢地拒绝人类的侵占，提示着人类的脆弱。在极其有限的条件内人类才能生存，城市的灯火才能燃起。在上天的眷顾中，发展到美国东海岸那样连成了蔚为壮观的一片。在这样的高度能感受到什么？人类受到的恩宠，自我的智慧和勤奋，在贪婪和欲望的篝火中燃烧直至灰烬？这片暗夜中的亮帆，灿灿开放的灯火，在永恒中只是一瞬。而我们在这样不知何处来，不知何处去的迷惘中，就这么兀自在黑夜中燃烧着，点亮一片片美丽的城市花火。

（二）为什么设计

这一切是设计来的吗？唯物主义者说，这是基因驱动的；佛教说，这是因缘和合的；建筑师说至少有我们设计的痕迹吧。

建筑师的职业出现有几百年了，在中国，以前都是工匠，建筑师是泊来的，在世界趋同的大背景下，建筑师这个职业在各国的定位、工作范围等几乎是一样的。建筑师做设计的出发点是什么？

为什么设计？表达自我？向艺术家靠拢？另一个极端，为大批量的生产提供图样？

现在有太多立志成为艺术品的设计了。背后是太多想升格为艺术家的建筑师。还有些职业艺术家，摩拳擦掌的，做了些肯定不是设计，更像丑陋的立体城市涂鸦的东西，竟然也盖了起来。社会宽容，于是有人享受着宽容，忘记了尊重。

更不要说真正的设计界大腕，已经在艺术圈登堂入室的名角。找他做设计就是赞助艺术。花着别人大把的血汗钱，

盛开的水仙花　水彩画 （焦毅强　绘）

漠视正常使用的要求，还口口声声为你们这个贫瘠的城市带来一件真正的艺术品。他像在做一件伟大的公益事业似的，将掌声当作理所应当，批评当作冤狱。

当然现在市面上大量的所谓设计，是一平方米多少钱的设计费。设计，可以像做电视、冰箱一样，利润摊薄，批量生产，以产量求效益。在现在这样发疯一样的城市建设中，这当然是最来钱的路子了。即使这样，市面上大部分批量销售的还是残次品。

那么，尊重哪里去了呢？真正用自己的劳动换这些房子来住的人们，除了想方设法让他们交出银子，一点尊重也不给他们吗？建筑师不是带着对使用者的尊重做设计，对自己的尊重岂不也丧失了？

设计为生活，美的生活，有趣的生活，高效率的生活，悠闲的生活，有质感的生活……主语永远是生活。

不妨看看产品设计师们的工作。试想周末早上，在厨房煮好咖啡，倒在杯子里，端到客厅坐在沙发上去喝，这一路，咖啡很容易从杯子里溢出来溅到地板上，底下带一个托盘吧，又有点累赘了，而且若不慎杯、底脱离就是一场小灾难了。那天就看见了这样一款咖啡杯，在直筒筒的杯子的腰部，有一圈裙边，像旋转的舞着飞起来的小裙子，咖啡溢出来有这裙边接着，多巧呀。

还有老辈的建筑大师阿尔瓦·阿尔托几十年前设计的，轮廓为流线型的盘子，弧线经过计算，正好使得不同大小的盘子可以紧密地组合，组合成一片才叫棒。简单浪漫的智慧，不是那种努着劲勉强地语不惊人死不休。前者是艺术的生活，而后者就算是艺术，也已经从生活中连根拔起了。

（三）自己的家

"精微"的一层含义就是认真而深刻地生活着，做到真实，设计应当是对生活的真实应对。但作为建筑师，真实好难，大部分建筑师的大脑已经塞满了各种各样的概念、观念。建筑师难以抑制实践自己热衷的概念的欲望。

设计自己的家就能真实吗？二十多年前，还在学校的时候，《建筑师》杂志上登了一个国内新晋青年建筑师的新分配的单元房的室内设计，真的可以作为一个建筑构成手法的样板间了。自己的家，设计师和业主合一，少了约束，就将大脑里被塞满的概念当成了自我，其实是自我做了概念的奴隶，做出来还洋洋自得地以为实现了自我。

我们大部分人的住宅，还是学名为"共管式产权公寓"的单元房，和真正的"自宅"还离得很远。国外不乏由设计自宅出名的建筑师，弗兰克·盖里抛弃商业建筑迈入艺术家大师行列由自宅转折。利用自宅项目的方便作设计职业的突破，是追求理想和证明自己的手段。

但也要看到还有更多的建筑大师并不住在自己的房子里，即便房子是自己设计的，也和职业发展无关，而和自己的生活有关。这就像有的明星拿自己的孩子出来秀，以吸引眼球。而有的明星打死也不会让自己幼小的孩子抛头露面的。

更多的建筑师住在挑选来的别人设计的房子里。挑选的条件，室内格局的布置，家具家居用品的购买摆放，同时作为使用者和建筑师经过了这一过程，会得到比从阅读和旅游中更实在的收获。

最理想的状态就是弗兰克·劳埃德·赖特设计的西塔里埃森，生活方式、工作方式、职业追求、社会诉求，甚至人生信念融合在这样的住宅中，建筑师到此境界是太幸福了吧，可就在这里发生了一桩谋杀案，让赖特伤透了心，再也不想回去。红尘万丈，再完美也架不住"无常"来这么一下子。

家　水彩画（焦毅强　绘）

二、人间的城市

人间城市　水彩画（焦毅强　绘）

（一）双城记

历史是人群的记忆，记忆有所谓好坏吗？评判标准是什么？是不是要尽力把一些所谓坏的记忆抹去？威尼斯和北京是两个举世闻名的记载着历史的城市，它们都发生了什么？

1. 威尼斯

发展和保护是否可以两全？是一直以来围绕着传统文化城市的纠缠不清的话题。随着各国城市规划法则的不断完善，在一个传统区域插入一个新建筑都要经过多番的论证和审批，大规模的城市改造和开发更被视为畏途，一失足成千古恨，遭后人唾骂的下场是谁也不愿意看到的。但城市作为有机体总会生长，或是憧憬未来，或是摆脱困境，尽管集中改造和开发的利弊还未有结论，勇敢的先行者已经出现，继柏林成为欧洲的大工地之后，著名的"水城"威尼斯在近十多年也大兴土木了。

尽管我们每一个人都希望美丽的威尼斯能永恒，但天并不遂人愿，威尼斯面临着沉入水底，成为真正的"水城"的危险。这听起来有点耸人听闻，却是不争的事实。从15世纪开始，水文工程师就发现威尼斯正在缓慢地下沉。60个岛屿每年都会下降几毫米，威尼斯正以每个世纪12.5cm的速度淹没在水中。水边的古迹，包括圣马可广场将是最早蒙难的。

日益严峻的区域和全球的环境问题更是助纣为虐，加剧了水位线的相对上升。战后在Laggon岸边过度开发的6000口工业井，污染了地下水源，并破坏到Venetian群岛本就复杂的地质状况。同时，温室效应造成南极冰川融化，海平面在上升。也许威尼斯有一天会重蹈传说中的Atlantis城的命运，消失在水中。

如果说这听起来有点杞人忧天，但游客和居民数量的极度失衡确是威尼斯面临着的现实城市问题。每年访问威尼斯的游客以千万计，威尼斯不再像个沐浴在地中海阳光下的美好家园，更似一个熙熙攘攘的大公园。本应是居民日常生活的场所成了景点。尽管这里容易找到工作，交通便捷，住房充裕，又是那么的赏心悦目，但在过去的20年间，这里的人口流失了一半，留下的居民大多是超过60岁的老人，或是研究建筑的暂住学生。

尽管威尼斯一直被特别地保护，仍未能摆脱20世纪的工业化狂潮的冲击。曾经几乎在每个城市的入口处都能看到可怕的工业怪物。1973年制定的历史保护文件制止了这种"工业侵略"，在城市历史中心区限制新建筑的建设，工业设施被移走。但大片的废弃工业用地荒芜着，是威尼斯美丽肌肤上的一块块伤疤，等待重生。

也许是以上种种原因促使威尼斯政府决心改造他们的城市。开始的推手威尼斯市长Massimo Cacciari在从政前是欧洲著名的哲学家，或许这种背景给了他不同凡响的观念。他主张对影响城市的这些不利因素要有清醒的认识，并寻找策略消解它们。这种策略当然不是阻止城市下沉和控制旅客数量，这些都是不可能的。他支持的策略是在城市四周进行建设，来承担城市机能，从而缓和历史中心区的压力，最终使威尼斯成为一个多中心的城市。他的策略面临着巨大的争议，因为从未有人想象过这么大的动作——有20个项目已经在进行中。但Cacciari认为原封不动地保存威尼斯会造成城市发展的停滞，对城市市民和城市本身来说是一种恶性循环。他将现在的这些动作戏称为"管弦乐曲式的城市主义"。可以看出这一城市改建的规模与20世纪80年代的柏林和巴塞罗那相当。

重要的项目被委托给了世界级的建筑明星们，其中包括由意大利建造师维托里奥·格里高蒂主持海关大楼的修复；美国建筑师弗兰克·盖里设计机场附近的商业、旅馆综合体，西班牙工程师圣地亚哥·卡拉特拉瓦设计大运河上的第四座桥等等。这些建筑方案展现着丰富多彩的建筑形式，即使最前卫的建筑师也没有因为在传统面前表演而畏手畏脚。透明的表皮，壳形的屋顶，规则的体形，新的材料，被注入这座古老的城市。没有人用"古都风貌"这类模子去约束建筑师。威尼斯希望提高现存建筑的品质，修复废弃的工业区，同时满足游客和市民的要求，即使旧城淹没了，威尼斯还能生存下去。整个工作充满了西方文明对于"发展"的依赖和信仰。新鲜的形式会给威尼斯造成什么影响？今人只有尽力为之，结论还要由后人来下。

2. 北京

几年前，偶尔从前门那些杂乱热闹的小巷子里穿过，被它们的勃勃生机打动了，就像看了一幅市井图，下决心要拿着相机来好好地走一走，拍一拍，可是再去的时候，都拆了，街

威尼斯　　水彩画　　（焦毅强　绘）

　　　建筑与传统文化的回归——人与自然共同构筑环境

边的摊贩没了，当街摆着小桌吃饭的街坊没了，宽敞的大道，整齐的青砖，不古不新、不中不西的房子整齐地排着，就像摆着姿势安静地在那里接受游客给它们拍集体照。

在观光客眼中非常上镜头的北京胡同区，几乎都弥漫着公共厕所的臭气，原住民几乎搬空，房子租给了在北京打工的外地人，胡同里垃圾随处可见，脏水乱泼。

要拿北京的旧城怎么办呢？还没有满意的答案，旧城已经消失了，只余下一片一片的残迹，当作活的明信片，去充实观光客的旅游菜单。

原来的北京胡同承载的生活已经没了。另一方面，因为旧城保护的企图，带来了城市中心建筑高度的限制，中心城区的建筑容积率非常低，北京的城市天际线是盆状的，形成所谓"摊大饼"的城市形态。这像极了现在中国文化的处境，举步维艰、顾步为瞻，想着左右逢源，其实做不到的。

说到单体建筑，"十大建筑"曾经是北京市城市建设的代表和典范，但随着北京市经济和城市的高速发展，它们逐渐淹没在林立的楼群之中，被新矗立起的地标建筑掩映了光辉。尤其在 2008 年后，奥运会场馆、中央电视台等带有先锋色彩的建筑建成以后，在北京市迈向新的世纪的进程中，它们好像更显得落伍和平庸。但历史会证明"十大建筑"在现在乃至未来的北京，仍然是有价值的瑰宝。主要原因有三：一是一个有魅力和内涵的城市应是有历史深度的城市，不同时期的建筑是历史的载体、文化的载体，更关键的它们是市民生活的载体。如果说故宫是文物古迹的话，"十大建筑"所记载的生活是活生生就在记忆中的，甚至是正在发生的。二是"十大建筑"是新中国成立后自己设计、自己施工的大型公共建筑。所代表的意义至今给我们以鼓舞，更给我们以启发。尤其在"洋"设计充斥街巷的今天，这些充满自尊、务实的建筑，难道不令人深思吗？三是从设计的角度讲，在当时的历史条件下，这些建筑都是精品，而且在表达民族的艺术性上有所追求。从造型、比例的角度讲，它们几乎无可挑剔。在气质上庄重、内省。可惜这样的建筑越来越少了。

自十大建筑后，所谓"古都风貌"的风格鲜有杰作，"古都风貌"成了建筑师们皱着眉头做的命题作文，结果形成一种摩登大厦加"小亭子"的新八股。这些"小亭子"在城市里扮演着拙劣的角色，仿佛谦卑地向过去致敬，却扰了那一些时光中沉淀下来的古老的宁静，也因画虎不成反类犬而毁了中国古建筑极具形式美的清誉。好似将主体位置让给现代建筑，但由于本质的造型语言上的差异未加以理性处理，陷入各说各话的冲突，结果是两败俱伤，不伦不类。它们占据着城市的空间，像挥散不掉的咒语，对无辜的人们是不公的宿命。

权力的丧失使布咒者失去法力，建筑师总算可以松一口气，不必硬着头皮做"命题作文"了，却发现自己陷入又一个轮回。这回的命题不是来自于行政干预，而是来自于市场。被几次出国考察震惊的房地产商和业主们一心一意要再现那些使他们大开眼界的建筑，在这样的契机中，西洋新古典登堂入室。为什么是它而不是别的什么风格，说来主要有两个原因。一是欧洲的古典建筑对这些房地产市场上的主角们冲击最大，在那样一种建造方式下，上百年的巨资投入和营建产生的结晶，具有足够强烈的视觉冲击力，他们忽视了一切前提条件，一切文化积淀，只有一个信念，把它们搬到中国来。二是现代主义的建筑需要建筑师的创造力和功底，对于不想花大价钱请国外名师，又对国内建筑师没有信心的业主们不饬为一种冒险。但古典建筑发展到 19 世纪末，已形成一套规范的建筑语言，这种语言在现代主义建筑师眼中是腐朽而僵化的，他们在 20 世纪初就开始的批判和革命，虽然彻底地改变了西方的建筑历史和民众的观念，但在我们这里还只是专业理论界奋力却微弱的声音。新古典风格简化了古典，也因此指出了一条简便有效的道路，就像超市里卖的切好配好的菜，只稍下锅一炒，只要火候没有问题，不会难吃。于是这种在中国尤其在北京找不到多少根基的风格，不但大量地出现在绘图板上，也开始在城市中亮相。好在这种做法，只要比例尺度恰当，不会产生太丑陋的效果。但身临其境总会有身在他乡的错觉，这也许正是那些投资者求之不得的吧。有一天，北京会不会也成为"万国博览会"？抛开毫无文脉根基不说，还有一个问题，前些年美国新古典回潮的主力建筑公司，大名鼎鼎的 KPF 建筑设计公司的主持设计师在做过了一系列新古典大厦后，自己就提出了疑问：产生于最高不过二十多米的建筑的古典手法，应用在近百米，甚至几百米的体量庞大的建筑上是否适宜，是否产生尺度的混乱？

然后不久，我们就因为奥运的契机不但和国际接轨而且

回忆老北京的曲调　水彩画　（焦毅强　绘）

　建筑与传统文化的回归——人与自然共同构筑环境

成为建筑先锋的试验场了。我们给世界上最著名的建筑明星们提供了最宽容的舞台，如果说一般的建筑设计是戴着镣铐的舞蹈，我们是真的给了这些明星们最大的自由，本土的建筑师们以获得合作的机会为殊荣。2000年后，北京的城市建筑期待着华彩的到来，耀眼的建筑在2008年集体亮相，举世瞩目。

有一句话"建筑是凝固的音乐"，从艺术的角度讲是这样，但从经济角度讲，建筑是凝固的财富。尤其上述那些大建筑，均造价惊人，希望物有所值并不为过，但我们的城市面貌就寄托在这样的"大制作"上吗？难道城市的市民只配得到粗制滥造的大量型建筑中几朵异香的奇葩？

记得高中毕业报考建筑系时，有同学打趣"你这行真好，将来给自己盖纪念碑。"到现在知道了有此殊荣的建筑师寥若晨星。而且若只抱着这个信念做的建筑，怕是除了是自己的纪念碑啥都不是了。大部分建筑师默默地承担着沉重的职责，力求不辱使命。城市中的大部分建筑是由这些建筑师完成的，作为一个群体，在历史上为这个时代留下怎样的烙印呢？有一句歌词："每一个来到世界的生命在期待，因为我改变的世界将是他们的未来。"就在当下，在这个现实中，总有一些出自善意的、力所能及的事情吧。

（二）城市公共空间

贝聿铭曾经说过：要真正懂得建筑，必须要首先懂得生活，建筑应该是有生活存在地方，绝不应仅仅成为一种抽象的美妙的东西。

和生活的联系程度几乎是城市的外空间成功与否的关键。

波士顿有300多年的历史，比美国的历史都长，又傍着世界上最著名大学城，与一般高楼林立的美国大都市不同，能够明显感觉出历史发展的痕迹，再经过精心地规划和修整，形成独特的城市魅力，像欧洲城市和美国城市的混合体。她的城市外空间非常的独特，弗雷德里克·劳·奥姆斯特德为其设计了完善的公园系统，以步行道连接，使波士顿成为名副其实的"都市公园"。城区中点缀着气质各不相同的城市广场。贝聿明在此地作品颇多，两个著名的广场"政府中心广场"和"基督教科学教堂广场"都是他的作品，还有一个是他的名作"汉考克大厦"前的"科普利广场"。

中午时，整个波士顿的"政府中心广场"弥漫着安静的气氛。政府中心大楼前的一大片硬地广场行人寥寥，大台阶的横线条在明亮的阳光下伸展开，空旷而略显枯燥，却没有给人太多不好的感觉。它被一圈吸引人的次级外空间环绕。自然地被广场外围的小树林吸引过去，那里是更加放松的场所。这个广场完成了从市政厅严肃的气氛逐渐向柔和的气氛的过渡。

在冲突与变革中，北京很多的珍贵痕迹已经被抹去，大建设奉献的积极的城市外空间很少，其中又分两种，一种是纯设计出来的，一种是自发形成的。设计出来的城市性广场鲜有能提供舒适的休闲生活的。反倒是一些自发的空间充满生命力，代表的是曾经的后海地区和798工厂区。后海地区和798工厂区都不是西方城市的广场空间，人们的活动主要在街道上，这和笔者幼年在天津和上海老城厢的记忆是一致的。实际上这两个区域都是自发形成的，曾经管理和设计的缺席，令它们生机勃勃，也因为管理和设计的干预，它们失去了大部分的活力。这两个地区是畸形的，所以它们的命运注定是悲剧，放任生长，环境问题、交通问题都是死结，可管理和设计的介入呢？我们的社会和城市一直缺乏的是"制定规则，在规则内给予充分自由"的态度和有效实践。

这让人很伤感，我们能感到放松而充满生机的地方，却几乎没有未来。

有一个问题值得我们思考：为什么在北京，这种有吸引力的城市空间往往是自发的，而政府和设计者处心积虑创造的城市公共空间却达不到这种效果？

比如说公园。中国城市中公园的功能太单调，而且把一切城市性的功能摈弃在外。想想看，北京有多少水面没被包在公园里。简·雅各布斯在《美国大城市的死与生》中对公园提出了质疑，对于日常的城市生活来讲，公园的意义过于消极，对老人是乐园，对平时忙于生计的人们，最多是节假日周末才会进去一下。都说北京人没有夜生活，一般老百姓的夜生活也就是遛遛弯，公园就算是不关闭，夜里黑乎乎的也挺嫌人。

美国大都会的地标　水彩画　（焦毅强　绘）

城市中的绿洲　　水彩画　　（焦毅强　绘）

颐和园的苏州街意境　水彩画（焦毅强　绘）

三、此时此刻

林中水仙花　水彩画　（焦毅强　绘）

（一）西方建筑的趋向："小和少"的主义

建筑师自己对自己和职业的理解与大众对此的看法有很大的分歧。在国外大众已经开始抗拒建筑作品的字眼，崇拜建筑师的人在减少。在国内，大众对于建筑师这个职业几乎没有明确的认知。即便是国内外的建筑学爱好者，对于近几十年风水流转的各种"主义"也失去了追踪的兴致。各种主义本是由哲学来的，到了建筑界就基本变成风格了。现在风行的建筑风格已经不再费事地找一顶"主义"的帽子戴，就是一种赤裸裸的对于怪异的追求，对于力学规律的对抗，对于施工技术的挑战，也可以叫作"创造力"，它的风行使得大众认为建筑是奢华和无规矩的游戏。

这种建筑越来越受到质疑，因为社会正在发生变革。近期建筑尺寸的减小，互联网的发展，越来越多的对建造地点和建造方式的控制，交流方式的扩展，推动了一种趋势，标志性和建筑师签字性的建筑越来越少，就如 Cesar J. Chekijian 所说：

"大型都市办公建筑的时代已经过去了，再也不会回来。
即使要建造什么，也因信息技术和先进工作模式的需要而应具有灵活性。"

要建造的建筑要服从来自于不同体系的价值评估，是否人性化、环保、节能，满足信息时代的发展，促进社会的开放、公平和交流，这些对于建筑远比标签性要重要得多。

几年前由 Bell Atlantic Real Estate 进行了一项研究：少而有效的建筑。它将它的建筑师人数缩减为 3 个，并对在设计公司的所有建筑师给予大师级待遇，并提供给他们一个材料清单和空间标准。他们给了建筑师很大的工作空间，但他们也提出明确的要求，主要的要求是建筑师能理解灵活性，随时都会出现内部变更，不是建筑师个人签字型的建筑。他们如此描述他们的要求：

"我们需要的建筑尺寸越来越小，我们可以更有效地利用空间。
我们唯一需要建筑师的原因是使我们要建的房子在一片

居住区里看上去可以接受和愉快，使它更舒服，拥有从生物工程学上看正确的内部空间。"

对于许多低调的业主来说，现在的建筑看上去太嚣张，即使它创造了有效的空间，与整个社会的美学价值观发展也是背道而驰的。许多年来，硅谷的公司不雇佣有名的建筑师，因为正如以 Francisco 为基地的建筑事务所合伙人 Eric Sueberkrop 所说："感觉上你在浪费应花在研究和开发上的钱。这些公司一旦盖了个建筑师签名式的建筑，他们的股票就会下跌。"

在这个事务所为这些公司工作中，他们尽力显示出这些公司如何利用建筑吸引雇员，更好地使用空间，但建筑师最大的胜利是有能力创造出一种灵活性很强的建筑，例如 3COM 公司今天的办公室明天可能要作厂房或别的。建筑师说他们最大的工夫放在办公场所的外围，关注雇员的舒适，例如健康俱乐部、咖啡馆、培训中心等。

在这些项目中，建筑形式语言主要被用于适当地展现该公司或机构的积极形象。

"建筑师标签"的建筑会渐渐失去市场。在一个这样的世界，即使最绚丽的建筑也被电子媒介占领，几乎不可能有一个建筑长期吸引普通民众的注意力。而且标签式建筑的代价要庞大得多，付出这样的经济代价在道德上面临的指责是无法回避的。

建筑师们将这种状况转化为一种倾向于"小和少"的"主义"。尽管它和国际式现代主义有传承关系，但这个主义却不是关于玻璃和钢，不是光滑的表面，不是巨大空旷的房间，而是节制和灵活，是适度的舒适，是对人们可持续生活方式的引导。建筑师们试图为自己在职业和责任感中的困境寻找出路。

它不是一种简单的处理方式，一种对风格过剩的反应或取代。它给人的感觉不仅仅停留在把东西清理干净，而是重整结构使它们更灵活有用。美国著名建筑师斯蒂文·霍尔一直以来在抱怨通俗的概念，他多次陈述一生从事"小事"，关注人的现实体验的意愿，他曾说：

"我在做建筑时将自己从精细的比例，观看建筑时层层叠叠的透视，空间的限定中解放出来，建筑的实际姿态是焦点，将它连接在一起的是概念。"

溪边的秋天　　水彩画　　（焦毅强　绘）

在他的设计思想描述中，他说，他要创造一种"没有向外姿态"的建筑，是一种"折叠在自己之中"的建筑以产生充满光的空间，"建筑的先验性的特征都消失了"。

斯蒂文·霍尔用光、空间和尺度感来做建筑，那么至少还有两种其他的有价值的尝试。两种都用建筑师今天在普遍使用的、适宜的方式，并极简地使用他们，以使我们意识到每一个简单的行为和概念的重要性，而不是去处心积虑地玩出什么花样。第一种设计方法与通常先设计空间，再用最容易获得和装配的材料覆盖它不同，它从材料入手。新一代的建筑师把目光投向街头、工厂、社区以寻找感觉。他们寻找适合批量生产的，可预制的材料，我们熟悉的但不平常的质感。由它们为灵感和出发点展开设计。另一种方法是使用代代相传的地域性的本土做法，建筑师仅仅是适应和选择它们，并进行适度的现代化的更新。它张扬了一种真实，一种历史延续感，看不到设计的痕迹，但仍要研究的是，这种静态的建筑如何应对现在复杂的生活。

很多建筑师利用计算机设计作为避免"作者设计"的方法，仅仅将相邻的结构 morphing（在屏幕上交换图像）在一起，仅仅 mapping（映射）进来城市复杂的结构，或仅仅从基本几何体演变出形式。不附加任何外来的东西，设计过程是个自我的演化过程，是对现存东西的打断或扩展。建筑师 Greg Lynn 更进一步利用技术：他利用一种软件对应给出的环境条件（如向水的视线，有树，需要卧室）自动产生形式，然后在连续的移动中修改，直到建筑师按下打印键，产生一种事先无法预设的结果（这样的作品还拿了当年的建筑奖），产生的效果是一种很奇怪的抽象感，仿佛是吸取了环境的所有的复杂特性，但它能不能被经济和社会的权力所接受还是个问题，有人说他们像玩玩具的男孩，目前这种建筑还只停留在计算机里。

Bell Atlantic Real Estate 的总裁曾说：

"如果建筑师能学习着和信息技术与金融的专家一起工作，就有机会获得突破，我们有可能创造和常规建筑完全不同的新的工作环境。

我们并不想看到自动生成的房子，而是能对可持续发展有所反映的房子。"

除了上述两种尝试外，还有一种是运用普通的设计体系获得一种基于灵活、 变化的建筑，不追求风格化的呈现。

莱斯大学教授 Michael Bell 基于此思路写过一本书叫作：Slow Space。他认为建筑师必须理解资金的运作，并以它为依据工作。资金的配置是不断流动的，就像水不受阻碍的流动，一直流到可以吸引更多资金的地方，所以建筑本身不应再承担保值品的功能，而是要容纳这种"流动"。

Slow Space 是什么样的，Bell 没有给出形式化的回答，他书中提出的 slow space，是静静地站在那儿的建筑，所有的事情在围绕它运动,它可以随着人类经验尺度的变化而发展，灵活地在公共和私密空间之间转换，公共和私密的空间不是用固定的墙隔开的划定的空间，而是可以随着活动需求的不同方便地配置。

西方建筑的这个趋向来自于其文化深层的理性追求，以及出自基督教背景的对于不节制、炫耀的生活态度的罪恶感。当然自 20 世纪 60 年代以来，西方的文化也大量吸收了东方宗教、文化的内容，尽管比较的支离破碎，但影响力也是不可小觑的，西方文化已经走入深刻反思的阶段，而且伴随着可持续思想、信息技术等领域的发展，带来了城市规划和建筑设计的转变。应该说，是在开始纠正已经有所偏离的轨道，将建筑拉回它应该承担的责任和应有的思维方式。

（二）无我的建筑师

根据维基百科介绍，建筑师作为独立的职业出现在文艺复兴时期，他们不仅仅只将建筑作为一种经验性的营造行为，而且赋予建筑人文和技术的基石，建筑师往往也是雕刻师、绘图师、画家、工程师等，一些文艺复兴时的大画家，如米开朗琪罗等，就设计了许多著名的建筑物，以画家身份流芳百世的达·芬奇，在机械、建筑等方面几乎就是个精彩的先知。我们无法把这些大师单纯地理解为艺术家，他们的工作表达的是对这个世界，包括人自身的深刻的理解。做什么并不重要了，只是探索和表达的平台。

建筑师的出现，为文艺复兴时期的社会的思潮和文化进入建筑找到了一个切入点。自此在西方社会，建筑成了文化领域的一个局部，成了人文思想的载体，属于视觉艺术领域。而建筑师同时也是艺术家，他们往往是手法主义者，主要服务于社会上层。

在中国，虽然历史上没有所谓的建筑师，但工匠担任了其大部分的职责，他们服从于严格社会阶级的制式规定。在某些建筑，如私家园林中，可以看到一些人生境界的表达，但是来自于其文人户主，工匠的可创作范围非常有限。20世纪初，随着西风东渐，现代意义上的建筑师行业逐渐确立了其在社会中的地位。他们作为主要的力量之一，推动着中国城市的现代化变革。他们往往身兼规划师、建筑师、美术及装饰设计、工程师于一身。比如在近代的两个首都——南京、北京的规划和建设中，建筑师扮演了重要的历史角色。

早期的现代主义建筑师，以革命者的姿态为城市带来了翻天覆地的变化。他们的行为，建立在深厚的社会和政治基础上，是技术和工程发展的结果。现代主义建筑的精神核心是批判，现代主义建筑的特征是科学、理性、面向大众及大量化等。建筑师作为变革者，呼应着时代的脉搏，由此也扩大了这个职业的社会影响力。作为城市化的先锋，积极回应人类社会、生活方式的改变。

现在，仍属于现代主义建筑时期，而且东西方趋同。建筑师在城市中发挥的作用逐渐减弱，建筑师自己也在妥协、后退。建筑师是商人，是艺术家，所谓商业型的建筑师即为商人，而所谓小众建筑师往往是艺术家，当然最成功的是顶着艺术家的头衔，获得商业上的成功。建筑师仍是城市化的参与者，但已经从先锋的位置上后退，成为政府

两只猴子　水彩画（焦毅强 绘）

阳光下的两棵小树　　水彩画　　（焦毅强　绘）

　　　建筑与传统文化的回归——人与自然共同构筑环境

大提琴手　水彩画　（焦毅强　绘）

乐队　水彩画　（焦毅强　绘）

或经济力量的附庸，更常规地是把建筑视作产品、商品、服务。这种变化来源于社会和城市模式的逐渐成熟、稳定，建筑师的职业定位逐渐锚固，外部环境的变化使得建筑师参与变革的动力逐渐减弱。建筑自己已经证明他不能解决社会病，其他的艺术自己也证明在创造形象方面比建筑更有效，因为现代技术的高速发展，工商社会工作分工细化，无论是经济、结构还是机械在功用的方面越来越发挥更大的作用，并开始蚕食建筑师的领地。

所有留给建筑师的，也许只有将自己作为领导者，所剩的，建筑师能向自己证明自己的作为的，是关于空间、材料、光、形式之类的事，即便是这些基本的东西，在狭窄的专业讨论之外很少得到验证，这些专业讨论假定公众了解建筑师的工作，是在提供服务性工作之外还有值得投资的东西，问题是建筑师经常不能表达给公众，他们所做的对社会有什么价值，我们称作建筑而不是房屋的东西的本原价值是一种基于精神化的信念，一种推动我们仍在构筑奇妙结构的神秘的最基本力量。

为了继续事业，建筑师需要重新思考建筑，建筑不仅仅应是经济活动的一部分，更和我们的生活经历有直接的关系；思考"光"怎样不仅仅是神秘的东西，更是一种使我们更愉快的，感觉更好，以新的方式看待世界的现象；思考"形式"怎样唤起我们对自己的身体，自己的过去，我们的场所的强烈的感觉。换句话说，建筑的基础性元素还原到本原确实为我们提供了超出金钱和权力之外的东西，近百年的工商社会，逐渐遗忘和忽视的东西；思考它们与人类深层的宗教和哲学思想是如何从精神和物质层面影响着生活。建筑师的信仰一定不应当是成为万众瞩目的明星，或者以挑战难为之事而与众不同。

这些都需要我们回过头去寻找凭借，倒不是厚古薄今，而是我们的现在一定是历史因果关系中的一个节点，时间给了我们更看清我们可能不该忽略的特质的必需的距离。他们是基本而简单的事情，也许因为什么原因很难解释。但建筑师必须使这些真相自己向公众证明，而不是贩卖他们自己的信仰，解释他们自己的教义，它们也许已经在我们的文化中衰退了。

四、寻找桃花源

水边的房子　　水彩画　　（焦毅强　绘）

（一）桂离宫与 Farnsworth 住宅

桂离宫是日本皇亲的"离宫"，位于日本京都市西京区，建成于 1651 年，占地 5.6 万 m²，由大面积的园林和居住、观景、休闲建筑组成。这样的建筑及其代表的贵族生活，在今天几乎已经只能是遗迹，甚至这样大片的土地为一个家族所有，是与平等、共享、可持续的现代思想相悖的。所以，在建筑史上，它的名声来自于"风格"，它是日本社会向现代转型期，提炼传统建筑语言的典范，给西方现代主义建筑师们也提供了灵感。20 世纪初的德国建筑师 Bruno Taut 曾经在日本居留，他对于桂离宫的推崇是超越形式层面的，他推崇的是庭园与建筑的关系，以及人的空间体验。这一优点，其实在中国传统园林中表达得更加充分。

笔者 2014 年 1 月参观了桂离宫，关西的冬天，不是很冷，有点小雨，植物还是青翠的。说实话，园林虽然确实精彩，养护得也非常精心，但未超过预期。最打动笔者的，是建筑和构筑物表现出的朴素而精美，想象其承载的生活必是节制而又高贵的，这正是现在的建筑要追求的特质。

朴素而精美，是在说建筑毫无赘余的装饰，无贴金彩画，但对于人的使用和感受都是那么照顾，甚至通过空间、对景对于精神化的感受起到助益。节制而又高贵，是在说抛弃了奢华、权力的显示，也没有繁文缛节的制式，看不到外泄的贪婪和欲望，欣赏自然美、寄情山水又是那么不遗余力。

而范斯沃斯住宅，是现代主义建筑大师密斯·凡·德·罗的著名作品，承载着他对于生活的一种梦想。

快 60 年过去了，还不断地有人提起现代主义建筑大师密斯和他的业主范斯沃斯相互诉讼的那桩旧案。这段事说来话长，一对好朋友闹到对簿公堂，就是因为这座在西方建筑史上著名的范斯沃斯住宅。

这是座安放在森林中的玻璃盒子住宅，除了卫生设备隐蔽于核心的实体，几乎一切的生活内容都被透明的玻璃包裹着袒露在一片青翠的密林中。从中密斯获得了完美的艺术上的纯洁性，范斯沃斯因为对大师百分百的崇拜和信任失去了生活的舒适和方便。官司的结果是范斯沃斯败诉了，但密斯也因此大

受非议，以至于二十几年后，后现代主义向现代主义发起挑衅时它成为被攻击的案例，是现代主义建筑师漠视人性、孤芳自赏的罪证。在这场"大批判"中，现代主义的建筑艺术追求也遭到质疑，密斯毕生追求的纯洁性岂不就是单调和冷漠？

密斯毕生追求的建筑理想不只是建筑艺术层面的，它代表了人类共同的住居之梦。

施尼姿勒描述过这样一个梦般的场景"这是一个星星闪烁的夜晚，我睡不着，因为我感到星星将会降到我的头上，我身不由己如同漂浮在天地之间。"这是她在 1954 年第一次造访湖滨公寓时的体会。湖滨公寓是密斯从 20 世纪 20 年代初就开始的"造梦"旅途中先于范斯沃斯住宅的一站，一座钢和玻璃的高层建筑。在范斯沃斯住宅之后备受争议的密斯并未迟疑地继续他的路，照亮他的旅途的是那"透明如水晶般的玻璃"。

那"透明如水晶般的玻璃"可以给我们安全地融入自然的生活。也许人的天性中就存在着对自然矛盾的心态，既亲切又畏惧。建筑的产生源于畏惧，但天空、大地中的四季是多么大的诱惑和向往呀。而安全和贴近自然一直像鱼与熊掌，不可兼得。可以说，西方建筑文明的历史就是向"两全"迈进的历史。从古典石材建筑的炮眼一样的小方洞到勒·柯布西耶的带形窗，人的视野逐渐扩展，但仍未能拥有整个天地。

从这个角度看，范斯沃斯住宅是纯粹的理想之所、梦中家园。玻璃外墙阻隔了风雨的袭击和外来的侵扰，却挡不住映入眼底的夏日斑斑树影、冬日皑皑白雪。这个著称于世的理性主义大师身上也流淌着浪漫主义诗人的热血，他的诗弥漫在由工字钢和玻璃围就的虚空之中，渗透在反射与透明的光影之间。

密斯对玻璃寄托了很大的信念，即使 1953 年开始就有人把"冰冷无情"、"干瘪"、"单薄"这样的字眼扔到他头上。今天看来他当时的追求确实代价惨重，对玻璃却没有看走眼。那"透明如水晶般"的精灵终究会大有作为。

今天的玻璃更加地透明如水晶，却不再被高能耗、光污染、视野干扰等沙砾掩埋了光芒。成熟的技术革新赋予它不亚于任何材料的保温、隔热性能，反射率极低的透明玻璃从图纸走入现实，拥有自控系统的夹层百叶甚至可以根据光线的强弱自动调节。今天的玻璃可以演绎更动人的建筑语言，不同的透明度和反射度，不同的色彩和图案，它已不再只有单一的表情。"玻

路过拉提琴的老人　水彩画　（焦毅强　绘）

花木中的亭子　　水彩画　　（焦毅强　绘）

　　建筑与传统文化的回归——人与自然共同构筑环境

璃盒子"在新技术的浇灌下如雨后春笋般冒了出来。

今天玻璃是建筑材料界的舞会主角。它轻盈，使结构不再背负沉重的墙体；它灵活，可以是从几乎百分之百透明到百分之百不透明中的任何一个状态；在"光与影"的戏剧中，建筑师是导演，它就是最多才多艺的演员；它更给了我们与自然或城市握手言和的机会。

当代建筑大师让·努韦尔设计了在巴黎的卡地亚总部，一座玻璃的办公楼，透过多层次透明表皮可以看见后园的树。这个地址，带着树和花园；这个建筑的功能，部分展览，部分办公，意味着玻璃建筑的可能性。他说：

"关于建筑材料，我信奉达尔文主义，并不是说材料会消失，而是我们的材料技术，我们对于有形的控制会进步，这样我们在一个特定的项目中需要的材料越来越少。控制材料的主要方式之一是'光的通过'，所以在这种意义上最令人惊异的现代材料、最有发展前途的材料是玻璃。"

卡地亚总部完全反映了他所强调的光的重要性，光是如此丰富多变，四季随气候而发生的变化，一天中随时间而发生的变化，随视线的角度而发生的变化，室内光线和室外光线的对比，这一切共同引发新的形象和模式。

技术也给予"密斯"式建筑更合理的构造和精美的细部，这是前几十年美国城市中泛滥的仿密斯式建筑无法比拟的。虽然今天这种"完美"的玻璃造价不低廉，但科学家和建筑师们相信它是未来的大众级材料。

范斯沃斯住宅所处的那一片树林远比最高档的玻璃材料珍贵，花些钱融合在这样的环境中是值得的。但城市的生活呢？已经有不少人厌倦了无法逃离的城市，将住宅囚禁在封闭的围墙中了。那些夜晚融在城市灯火之中玻璃建筑，毕竟让我们感觉到了乐观开放的积极心态。

桂离宫与范斯沃斯住宅相隔 400 年，都是对环境持开放态度的，因为它们所在的环境是自然的，代表着人类的精神归宿，我们"流浪的心灵"的家园。桂离宫所处的是人工化的自然，代表着东方文化对于自然的理想，即人与自然可以一体，自然人格化，人呢，可以相忘于江湖。范斯沃斯住宅所处的是一种"野地环境"，在西方文化中，人与自然是二元性的，自然是被探索、观察、利用的客体。无论怎样，这两个"自然"

与我们现在所处的"环境"是大大不同的，现在大部分的建筑在城镇之中，与自然是隔离的，所以大部分建筑的态度不会愿意是开放的，更倾向于营造"小环境"，建筑师拥有了迄今为止最先进的建筑技术和材料，几乎可以随心所欲地实现建筑理念，但突然发现我们面临的挑战和问题已经改变了。

（二）龙泉寺与"佛教建筑学"

这里的"佛教建筑学"和通常说的佛教建筑不是一个概念。通常说的佛教建筑指的是佛教的寺庙、学院等，而"佛教建筑学"是指以佛教为价值核心的建筑思想。

龙泉寺的建设过程不但是佛教建筑的典范，更进一步是以佛教的思想去指导做建筑的实践。

有必要先看一下"佛教经济学"。

德国经济学家 E.F. Schumacher 在其名著《小的是美好的》（Small is Beautiful）中，探讨"以人为本"的经济学发展模式，并明确提出"佛教经济学"的思想。

佛教经济学与现代经济学主要有如下的不同：

"关于文明的目标：现代社会文明的目标是公平前提下的富裕、欲望得到满足，往往人会陷入永无止境的贪婪中。

实利主义主要关心的是商品，佛教徒主要关心的是"解脱"，但是佛教是"中道"，因而它一点也不反对现世的福利。妨碍解脱的不是财富，而是对财富的迷恋；不是享受舒适，而是渴望舒适。"（E.F. 舒马赫：《小的是美好的》）

关于工作的动机：现代经济学将工作视为一种不得已而为之的事，往往工作就是为了"不再工作"。崇尚技术、分工由此而来，40 岁就退休成了年轻人成功的标志，"赎身"是很多人做着自己不情愿的工作的借口。而佛教的"八正道"之一即是"正命"（Right livelihood）。

"佛教徒的看法是劳动至少有三重功能：使人获得利用和发展才能的机会；使人通过与其他人共同参加一项任务克服自私自利；生产恰当生存所必需的商品和劳务。"（E.F. 舒马赫：《小的是美好的》）

芦 花　　水彩画　　（焦毅强　绘）

　　　建筑与传统文化的回归——人与自然共同构筑环境

花从何处来　水彩画（焦毅强　绘）

黄昏海船　　水彩画　　（焦毅强　绘）

　　建筑与传统文化的回归——人与自然共同构筑环境

青蟹　　水彩画　　（焦毅强　绘）

"在唯物论的漫不经心及传统论的静如止水之间，找出'中道'，简单地说，就是要追求'正业'。——毫无疑问的，这一定可以做到。"（陈慈美：《从舒马赫"佛教经济学"与李奥波"土地伦理"的关联探讨"永续发展"的伦理原则》）

对于消费的态度：现代社会是按照"消费量"来衡量生活水平的，"消费是一切经济活动的唯一目的与意图"，而对于佛教来说，"消费只是人类福利的一种手段"，其目的是"以最小的消费求得最大限度的福利"。（陈慈美：《从舒马赫"佛教经济学"与李奥波"土地伦理"的关联探讨"永续发展"的伦理原则》）从这一层面看佛教的生活方式真的是"很经济合理的"。

对于自然资源的态度：现代社会用"价格"来衡量一切资源的价值，自然界的一切都是可以为人所用的，包括人本身也是"人力资源"嘛。而秉持"众生平等"思想的佛教，坚持"非

无人的海岸　　水彩画　　（焦毅强　绘）

暴力"的行为，要求人类"慈悲"。佛教的简朴的生活绝不是一种为了种族利益的功利色彩的智慧，而是一种深深的信仰。

由上综述可以看出，Schumacher 所说的"经济学"已经不是常规意义上的经济学，而是支配经济发展背后的动机，这些动机同样也在支配着城市和建筑。这些对比对于"佛教建筑学"和"现代建筑学"也是成立的。再简略地说即是：是满足人的适宜的基本需求还是满足人的其实无法满足的欲望的不同；是鼓励人内心的宁静还是煽动消费的冲动的不同；是内省和自我膨胀甚至自我标榜的不同；是对于自然环境的谦卑和慈悲还是掠夺式的开发自然环境的不同……

但说到这里就会升起很多疑问，什么是人的适宜的基本需求，什么尺度是合理的？消费是现代经济的基本动力，什么才是适度的消费？节制消费是否会使得现代经济无以为继？怎么理解"美"？发展和环保的关系是怎样的？

笔者理解，答案也许是学诚大和尚一再说的"发心"，"因上努力，果上随缘"。

焦毅强先生于 2013 年出版了《只是为了善》一书，就是在讲龙泉寺建筑的"发心"。

"我们现在集成古人与自然和谐的场空间，重视建筑的和谐秩序，这些只是为了让人生活在平和的环境中，因为环境平和了，人心才能安定，而这一切只是为了善。"

这是参与龙泉寺建设的所有人的共同"发心"。

焦毅强先生于 2014 年出版的《建筑与传统文化的回眸与反思》一书中说：

"我们本想不累积害人的因，但我们还是累积了害人的因，而这一切都是无意识下完成的，也就是说我们处在"无明"的状态下完成的。我们多么需要将我们的心回归到一个正常的状态。这就是智慧的状态。"

"因上努力"是努力积累善因，只需要冷静、理性的智慧。

龙泉寺的建设工地就是义工劳动的地方，从建筑师的角度看这是很不"专业"，从而也是低效率的，但这难道不是超越了以"职业"劳动来"换钱"的境界？劳动成了修行。

从"现代主义"建筑师的角度来看，龙泉寺的建筑风格是"复古"的。我们在平常的工作中也会经常受到业主一定要做什么风格的指令。在中国，佛教建筑大部分是复古的，寺院为信众的精神修道场所，风格是为了修道，和世俗业主的动机是不同的。为了修道的话，现代风格就一定比复古"进步"吗？这件事有这么重要吗？而且退一步说，僧俗大众都认为佛教寺庙要复古的情况下，建筑师要提出反对吗？你的反对的"发心"又是什么？

参与龙泉寺的设计也是修道吧，是对于建筑学的理解提升的机缘吧？在"天人同构"的思想中，还有建筑师吗？即便有，也就是因、缘中的一个缘吧。

落叶即归根　水彩画　（焦毅强　绘）

藕花深处有渡船　水彩画　（焦毅强　绘）

建筑与传统文化的回归——人与自然共同构筑环境

绿色的呼唤

罗保林[1]

绿色，是生机勃勃的象征，是原生态文明的生物多样性和谐共处的本质。生态文明，绿色呼唤，是人类生存最突出的焦点，也是当今社会的科学发展的最佳途径。与自然和谐相处，是人类无以违逆的必然选择！资源节约、环境友好、低碳生活，才能维系人类的可持续发展。

绿色，也是人类对环境破坏的醒悟与补救。人类对环境的过度开发，对自然的过度索取与挥霍，造成人类自身生存环境的恶化与严重危机，如不就此止步，人类的末日将不会是危言耸听！

中国人历来讲究人与自然的和谐相处。当前，全人类一共同的时尚就是"自然"：一方面人类更加重视赖以生存和发展的环境——自然界；一方面人类从生活上、生理上趋向自然，返璞归真。而建筑要反映民族的习俗、民族的文化，既要有自然元素，也要有民族文化和传统元素，舶来品总是要与当地文化相结合，才能更和谐。

这就需要"天人合一"。

在中国思想史上，"天人合一"是一个基本的信念，人类只不过是天地万物中的一个部分，人与自然是息息相通的一体。任何事物都有一种天然的自然欲求，谁顺应了这种自然欲求谁就会与外界和谐相处，谁违背了这种自然欲求谁就会同外界产生抵触。

同为建筑师的焦毅强、焦舰父女俩，根据自己几十年参与建筑设计的亲身体验，以及对建筑与环境和谐统一的理念，阐释了绿色建筑的"天人合一"境界，并辅之以佛学的思考，从一个全新的角度提出"天人同构"的命题。

在中国人的观念里，天地、自然与人是合一的，是泛爱的。天人合一，人与自然和谐相处，在建筑领域的环境构建则是天人同构。我们光讲绿色建筑不行了，得看一看中国传统中的"天人同构"。在中国古人的心中，人生存的环境是取自于宇宙，生存环境的建造应当是"天人同构"的。

所谓天人同构，就是天地人各守本位，协同合一，达到人类与自然的和谐，回归自然，返璞归真。人类不能只享受宽容而忘记敬畏和尊重。自然的宽容要与人类的敬畏相提并重，各守本分，才会有天人合一；建筑设计师不仅需要社会和人群的宽容，更要提升自己的尊重，才有可能接近天人同构。

中国的传统文化与现代科学的结合，生化出"新天地"，这是俗世的观念；"天人同构"单指对自然的保护，指人生存的环境是自然和人共同建构的，这属于科学的层面，归于物质

注释：①罗保林，中国科学院过程工程所研究员

世界的范围。而焦毅强先生则更进一步深入到精神层面，认为"'天人同构'的理念追求更多的是精神。'天地与我并生，万物与我为一'是中国的人文精神。"于是探幽入微，从自然气场角度探讨了不一样的"天人同构"。

人惟有积善报，积了善报才能生成一个与天沟通的通道。人积了善报，获得"天人同构"的通道，就可以使人变成雅士，变成至高的道德人。当然，这是作为信佛的贤苦居士（毅强先生）劝人向善的解说或者愿景，始于他最初的著作《只是为了善——追寻中国建筑之魂》，是一以贯之的。

翻开毅强先生的新作《建筑与传统文化的回归——人与自然共同构筑环境》，作者的佛教思维以及禅学的颖悟，娓娓道来，引人思索；图文并茂的色彩纷呈，令人倍感清新隽永。

建筑的产生源于对自然和四季变化的畏惧，而绿色的召唤又使人们心生回归自然的向往，构筑让人们感到安全但又贴近自然的栖居，对环境开放和融入、拥抱和回归自然，常使建筑师们限于两难的抉择而绞尽脑汁。

在自我构建的过程中，建筑师面临的选择是模仿、因袭，还是创新、标新立异。传统的沿袭得到经验的保障，因而也就有了安全的保障。而标新立异甚至是"怪诞"则反映了建筑师的欲望追求与自我表达，或者艺术和品位的追求。建筑的构建者不只是批量生产居所的工匠，他们更希望成为建筑师，有自己的人文（习俗、文化）和艺术（精神）追求。因此，建筑的多尺度层面既包括科学含义，又要讲究建筑艺术。

建筑应该是有生活存在的地方，绝不应仅仅成为一种抽象的美妙的东西。建筑的魅力构筑了城市的魅力，但只有与生活和谐才是活的。死的建筑虽然看上去抽象美妙，但毕竟只是一个符号，没有真实，没有生活，没有生命，徒为幽灵城堡。

奢华与夸张的建筑还是城市土地与空间，乃至各种建筑材料与资源的浪费，是人类物欲与享受主义的大扩张，凸显的是外向与狂放。而"天人同构"的佛教建筑讲究的是"内敛与谨慎"。

现代社会文明的目标是公平前提下的富裕与欲望得到满足，是按照"消费量"来衡量生活水平的，"消费是一切经济活动的惟一目的与意图"，而这往往会使人陷入永无止境的贪婪中。

人类欲望的冲动与欲望的淡漠，往往决定着自然环境的美与环保。

现代社会对于自然资源是用"价格"来衡量其价值的，自然界的一切皆是可以为人所用的，是消费的不竭源泉。因此，支配经济发展背后的动机，是满足人的适宜的基本需求还是满足人的其实无法满足的欲望的；是鼓励人内心的宁静还是煽动消费的冲动；是内省和自我膨胀甚至自我标榜的；是对于自然环境的谦卑和慈悲还是掠夺式的开发自然环境，将决定我们是否与自然和谐，是否与环境友好，是否能做到"天人合一"，维持人类的可持续发展。

自然资源平等共享，朴素而又精美，节制而又高贵，自然谐和、返璞归真的"低碳生活"，成了时下人类社会的紧迫而又美好的生活倡导！

也许是巧合，也许是机缘，社会大力提倡的"低碳生活"似乎与佛教倡导的"简朴生活"不谋而合。其实，"低碳生活"仍然是人类的一种功利性要求，是由于资源的短缺以及随之而来的节制消费所要求的"适度消费"，因为奢侈和无节制的挥霍将使人类的可持续发展不可持续。而佛教的"简朴生活"则是一种信仰，是对自然环境和生物的谦卑、慈悲为怀，是鼓励人内心的宁静以满足人的适宜的基本需求为度。欲望的冲动和欲望的淡漠，欲望的追求与心如止水之间，乃是"中道"，佛教讲的"中道"是享受但不追求。

现代经济的基本动力是消费，因此，节制消费有可能使得现代经济无以为继？那么，什么才是适度的消费呢？低碳与发展之间如何寻求到一个平衡点？

焦毅强先生在《建筑与传统文化的回归——人与自然共同构筑环境》中提出，"答案也许是学诚大和尚一再说的，'发心'，'因上努力，果上随缘'。""发心"就是一切为了善；而"'因上努力'是努力积累善因，只需要冷静、理性的智慧。"

2014 年 11 月 25 日　写于守朴自乐斋